아들 엄마의 말 연습

· 윤지영 지음 ·

아들의 평생 습관과
공부력을 결정하는
엄마 말의 힘

아들 엄마의 말 연습

북라이프
booklife

그림 | **이황희(헬로그)**

《봄동이네 행복일기》,《책임감이 자라는 강아지 탐구 생활》, 그림책 《한 코 두 코》를 쓰고
그렸습니다. 매일 건네는 인사처럼 다정하고 따뜻한 그림을 그리고자 합니다.
 · helloooog16@gmail.com

아들 엄마의 말 연습

1판 1쇄 발행   2024년 11월 8일
1판 3쇄 발행   2024년 11월 15일

지은이 | 윤지영
발행인 | 홍영태
발행처 | 북라이프
등 록 | 제2011-000096호(2011년 3월 24일)
주 소 | 03991 서울시 마포구 월드컵북로6길 3 이노베이스빌딩 7층
전 화 | (02)338-9449
팩 스 | (02)338-6543
대표메일 | bb@businessbooks.co.kr
홈페이지 | http://www.businessbooks.co.kr
블로그 | http://blog.naver.com/booklife1
페이스북 | thebooklife
 ISBN 979-11-91013-76-4   13590

비즈니스북스는 독자 여러분의 소중한 아이디어와 원고 투고를 기다리고 있습니다.
원고가 있으신 분은 ms2@businessbooks.co.kr로 간단한 개요와 취지, 연락처 등을 보내 주세요.

아들의 좋은 습관과 태도는
부모의 말에서 시작됩니다

저는 중학생 딸과 초등학생 아들을 키우는 엄마입니다. 제주도의 한적한 시골에서 살고 있어요. 아들이 초등학교에 입학할 무렵 1년 제주살이를 하러 왔다가 2년, 3년으로 이어져 올해로 4년째 머물고 있습니다.

4년 전에는 초등학교 교사이자 엄마, 작가, 강사로 여러 일을 하며 바쁘게 지냈습니다. 그중 가장 어려운 건 엄마 역할이었어요. 흔히 엄마가 선생님이라고 하면 아이에게 책도 많이 읽어 주고 공부도 야무지게 가르쳐 줄 것 같지만 저는 그게 잘 안 되었어요. 퇴근하고 집에 오면 에너지가 방전되어 아이들 먹이고 씻기고 재우는 것만으로도 벅찼거든요. 그래도 딸은 비교적 수월하게 키웠는데, 아들은 참 많이 힘들었습니다. 말을 안 들어도 너무 안 들었거든요. 예를 들면 이런 식이었습니다.

밥 먹으라고 할 때마다
"이따가."
숙제부터 끝내야 놀이터에 갈 수 있다고 하면
"싫어. 엄마는 왜 나를 조종하려고 해?"
연산 공부를 하라고 하면
"오늘만 연산 빼고 게임하면 안 돼요? 딱, 한 번만."

아들은 제가 뭘 하라고 하면 "네."라고 하는 법이 없었죠. 저항하고 고집부리는 것이 아들 녀석은 유독 심했습니다. 마음을 헤아려 주고 좋게 얘기하려고 해도 말을 듣지 않으니 결국 아이에게 화를 내고 언성을 높이기 일쑤였죠.

그렇게 아들은 한 살 한 살 커 갔지만 육아는 여전히 쉽지 않았습니다. 직장을 내려놓고, 글 쓰는 일도 멈춘 채 제주도에 머물게 된 계기도 아들 육아의 어려움이 결정적이었죠.

대외적으로 육아 전문가로서 글을 쓰고 강의를 하는 사람이었지만 정작 제 아들을 어떻게 키워야 할지 혼란스러웠습니다. 내 아이의 교육에 대한 확신이 없는 상태에서 자녀교육에 대해 이렇다 저렇다 말할 수 없다고 생각했지요. 무엇보다 아들을 잘 키우고 싶은 마음이 컸던 탓에 결국 하던 일을 다 내려놓고 제주도로 왔습니다.

이제 초등학교 4학년인 제 아들은 요즘 어떨까요? 눈 뜨자마자 책부터 꺼낼 만큼 책을 무척 좋아합니다. 일과를 마치고 30분만 하기로 한 게임 시간도 칼같이 지킵니다. 틈만 나면 게임하게 해달라고 조르고 "조금만 더!", "이거만, 여기까지만!", "아 진짜! 많이 못 했는데…." 하던 예전에 비하면 엄청난 발전이죠.

얼마 전에는 시어머니가 오랜만에 제주도에 오셨는데 열흘간 머물다 가시며 제게 이런 말씀을 하셨어요.

"너 아들 진짜 잘 가르쳤다."
"아, 책 읽는 거요? 독서 습관이 좋다는 말씀이세요?"
"그래. 책 많이 읽는 것도 기특한데 자기 할 일 알아서 하고 집안 일도 다 같이 하는 게 너무 보기 좋더라. 너 애썼다."

많은 독자분들이 이런 질문을 하곤 합니다.

"선생님, 제주도에 가면 우리 아들도 나아질까요?"

아이를 어디서 키우냐의 영향이 없진 않겠지만 장소는 결정적인 요인이 아닙니다. 저희 가족이 도시를 떠나 시골에 살면서, 또 제가 워킹맘에서 전업맘으로 지내면서도 아들이 제 말을 잘 들었던 게 아니거든요.

핵심은 어디서 키우냐가 아니라 '어떤 말로 키우느냐'입니다. 아이는 부모의 태도와 말에 가장 큰 영향을 받습니다. 저도 언제 단호히 지시해야 하고 언제 좋게 대화로 풀어 나가야 할지 상황적 분별에 능숙해지면서 육아가 점점 수월해졌고, 아들이 좋은 습관을 들여 가는 속도도 빨라졌습니다.

저는 아들의 마음을 헤아려 주며 다정하게 대화할 때도 많지만 짧은 지시로 끝낼 때도 무척 많은데요.

"안 돼."
"그만."
"해."
"규칙이야."
"규칙을 지켜."

이러한 문장이 제가 아들에게 하는 말의 큰 비중을 차지하고 있습니다. 만약 지시 없이 공감과 대화로만 아들을 키웠다면 올바른 습관을 들여 줄 수 없었을 겁니다. 지금 아들의 독서 습관, 공부 습관은 모두 지시와 지시 이행을 수백 번 반복하게 한 끝에 얻은 열매입니다. 이렇게 지시 이행의 경험이 쌓이면 힘들이지 않고, 실랑이하지 않고, 아이 스스로 해야 할 일을 하는 날이 옵니다.

좋은 습관이라는 평생의 선물을 마련해 주기 위해서는 효과적인 지시 방법에 대해 알아야 합니다. 그래서 이 책에서는 아들의 특성을 알아보고, 아들이 잘 받아들일 수 있는 지시 방법을 제시하고자 합니다.

늘 강하게 밀어붙이기만 하면 아들과 관계가 멀어지고, 아들의 뜻을 다 받아 주면 올바른 습관이 길러지지 않습니다. 때로는 단호하게, 때로는 다정하게, 상황과 대상에 따라 그때그때 적절한 태도로 상호작용을 하는 게 중요해요.

아들을 편하게 잘 키우는 부모님들은 공통적으로 강약 조절에 능숙합니다. 지시와 대화, 엄격함과 부드러움 어느 한쪽에 치우치지 않지요. 엄격하지만 무섭지 않고 친절하지만 만만하지 않습니다. 그렇다면 부모가 천의 얼굴을 가져야 하느냐, 그건 아니에요. 다양한 상황 가운데 단호한 지시 그리고 부드러운 대화. 이 두 가지만으로 아들과 잘 지낼 수 있어요.

지시할 상황과 대화할 상황을 구분하는 것으로 아들 육아의 많은 어려움을 덜 수 있습니다. 지시와 대화의 상황을 분별한다면 누구나 강약 조절의 고수가 될 수 있어요. 다만 각자의 상황은 무척 다양하기에 언제 지시를 할지, 언제 대화해야 할지 처음부터 잘 구분하기는 어렵습니다. 이 책은 바로 그런 난감한 순간에 부모가 정확한 포지션을 잡는 데 도움을 주고자 합니다.

또한 저는 아들을 키우는 부모만이 아니라 말 안 듣는 아이를 키우느라 고군분투하는 모든 양육자를 염두에 두고 이 책을 썼습니다. 딸을 키우고 있든, 아들을 키우고 있든 상황에 맞는 지시와 대화를 충실히 하려고 노력한다면 괜한 감정 다툼이나 실랑이 없이 아이가 좋은 습관과 태도를 갖게 되는 기적이 찾아오리라 확신합니다.

오늘도 아이와 씨름하는 부모님들, 또 나와 성향이 너무 다른 아이와 잘 지내고 싶은데 어떻게 해야 할지 몰라 고민하는 부모님들께 이 책이 도움이 되면 좋겠습니다.

육아가 고되고 힘들어서 터널처럼 느껴진 날이 있었습니다. 그때는 아들이 제발 빨리 크기를 바랐는데, 지금은 육아가 편안해졌어요. 아들 키우는 게 재미있고 즐겁습니다. 크는 게 아깝다는 말이 이제야 절절히 와닿습니다.

덜 힘들고 더 행복하게 아이를 키우는 방법이 있는데, 저는 오랜 시간 시행착오를 겪으며 멀리 돌아온 것 같아요. 이 책을 읽는 독자분들은 저처럼 멀리 돌아가지 않고, 지시와 대화 상황을 구분해서 적절히 대응하는 연습을 통해 편안하고 행복한 육아를 할 수 있기를 바랍니다.

윤지영

차례

이론편
감정 소모 없이 아들을 바르게 키우는 법

PART1
아들에게 통하는 정중한 지시 노하우

PART2

아들 부모의 필수 문장
"규칙이야." "규칙을 지켜." "규칙대로 해."

PART3

아들을 존중하는 대화법

실천편

아들의 세계를 이해하고 넓혀 주는 엄마의 말

PART 1

칭찬의 말 연습

PART2

감정 조절 말 연습

이론편

감정 소모 없이 아들을 바르게 키우는 법

육아에서 공감은 매우 중요합니다. 아이의 마음을 헤아려 주고 이해해 주는 부모에게서 자란 아이는 정서적 안정을 얻고 세상과 사람에 대한 신뢰를 스스로 키워 나가기 때문입니다. 다만 공감은 육아의 일부이지 전부는 아닙니다. 공감과 함께 지시, 훈육, 가르침이 있어야 아이가 바르게 자랄 수 있어요. 그러려면 상황에 따라 부모의 말과 태도가 달라져야 합니다. 공감해 주어야 할 상황이 있고, 지시하고 가르쳐야 할 상황이 있어요. 감정과 기호에는 다정한 공감이, 아이의 잘못과 문제 행동에는 단호한 훈육이 필요해요.

사실 감정을 주고받을 상황과 그렇지 않은 상황을 구분하기는 쉽지 않습니다. 일반적으로 '지시'할 상황에서는 감정을 덜고, '대화'할 상황에서 감정을 주고받는다는 걸 큰 틀로 삼을 수 있습니다. 특히 아들에게 지시할 때는 감정을 덜어 내야 해요. 감정은 빼고 규칙은 더하는 것이지요. 아들과 대화를 충분히 하면서 함께 규칙을 정하고, 규칙을 지키지 않을 때 지시하는 게 아들 육아의 핵심입니다.

지시, 규칙, 대화. 이 세 가지 키워드만 알면 감정을 덜 소모하면서도 아들과 돈독한 관계를 유지하며 좋은 습관을 만들어 줄 수 있습니다. 그럼 아들 키우는 엄마가 꼭 알아야 할 세 가지 키워드 지시, 규칙, 대화에 대해 간략하게 살펴볼까요?

① 지시

[초2, 수학 문제를 푸는데 숫자를 엉터리로 쓴 상황]

"7인지 9인지, 0인지 6인지 구분이 안 되잖아. 이렇게 쓰면 선생님이 채점할 때 틀렸다고 해. 계산 잘해 놓고 틀리면 얼마나 억울하고 속상해? 네가 속상해 하면 선생님도 미안해지지. 애초에 그런 상황을 만들지 않으려면 숫자를 바르게 써야 해. 지우고 다시 써."

"지우개로 말끔히 지우고 써야지, 잘못 쓴 숫자가 남아 있는 채로 그 위에 쓰면 어떻게 해? 엄마 힘들어. 제발 말 좀 들어!"

숫자를 엉터리로 쓴 아이가 안타깝고 답답한 마음에, 또 아이를 위하는 마음에 위와 같이 말하는 엄마들이 많은데요. 이러한 지시는 아들에게 좀처럼 먹히지 않습니다. 첫째, 말이 너무 길어요. 둘째, 불필요하게 감정이 많이 실려 있어요. 셋째, 관련 없는 선생님을 소환하고 있습니다.

"계산 잘해 놓고 틀리면 얼마나 속상해?"

"엄마 힘들어. 제발 말 좀 들어."

이처럼 지시에 감정이 개입되어 있으면 괜한 감정 낭비와 실랑이로 이어질 수 있습니다. 엄마가 아들에게 힘들다고 얘기했는데, 아들이 말을 듣지 않으면 어떻게 될까요? 엄마는 힘듦을 이해받지 못하고 거부당한 것 같아 마음이 상하고 맙니다. 아들도 마찬가지예요. 본의 아니게 엄마를 힘들게 한 사람이 되었으니 속이 상하죠. 억울하기도 하고요. 행동 문제가 감정 문제로 번지는 겁니다.

이럴 때는 다정하고 긴 지시보다는 감정을 뺀 짧은 지시가 훨씬 효과적입니다. 아무리 좋게 말하더라도 말이 길어지면 아들에겐 잔소리로 들릴 뿐입니다.

"지우고 다시 써."
"고쳐서 써."

꼭 해야 할 일이라면 짧게, 감정을 덜고 정중히 지시하세요. 감정에 휘둘리지 않고 위엄 있고 점잖은 태도로 말해야 합니다. 아들을 키우는 데 있어서 친절함, 따뜻함, 다정함만큼이나 필요한 건 진지하고 정중한 태도입니다.

② 규칙

감정에 휘둘리지 않고 지시한다는 게 말처럼 쉬운 일은 아닙니다. 부모도 사람인 이상, 아이가 지시에 따르지 않거나 몇 번이나 같은 말을 하면 화가 솟구치지요. 매번 '참을 인' 자를 새기고 심호흡하며 화를 억누르고 이성적으로 지시하기란 어려운 일입니다. 그래서 규칙이 필요합니다.

"0과 6, 7과 9는 쓰는 규칙이 달라. 규칙을 지켜서 써."

"규칙이야.", "규칙을 지켜."라고 말하면 감정의 영향을 덜 받고 이성적인 입장을 유지하기가 한결 쉽습니다. 평정심과 일관성을 유지할 수 있어요. 감정은 그때그때 달라지지만 규칙은 어떤 상황에서도 변하지 않으니까요.

또 규칙으로 지시하면 괜히 다른 사람을 끌어들이지 않아도 됩니다. 선생님이 못 알아봐서가 아니라 규칙이라서 지켜야 한다고 설명하면 아들도 수긍하기 쉬워요. 예를 들어 하루 한 장 연산을 안 하겠다고 하거나 양을 줄여달라고 할 때에도, 다른 아이들에 비해 적게 하기 때문이 아니라 하루 한 장 연산을 풀기로 함께 정했기 때문에 지켜야 한다고 말하는 기죠. 규칙으로 통제하면 아들의 반발심도 줄어듭니다.

③ 대화

[초1, 닌텐도를 사 달라고 조르는 상황]

"닌텐도는 무슨? 게임은 좋은 게 아니야. 그런데 게임기까지 사 달라고? 안 돼."

게임기를 사 달라는 아들의 요구를 다 받아 주는 건 교육적이지 않습니다. 하지만 왜 게임기를 갖고 싶은지 아들의 생각을 들어 보려는 시도는 필요해요.

사람마다 감정과 욕구, 기호가 다릅니다. 서로의 차이는 대화로 풀어 나가야 해요. 아들이 좋아하는 게임이 엄마인 나의 기호와 상충한다고 해서 처음부터 안 된다고 자르는 것 또한 바람직하지 않아요. 무언가를 좋아하고 원하는 것은 기호이기에 통제보다는 대화로 풀어 가는 게 좋습니다.

"닌텐도가 왜 갖고 싶어?"
"닌텐도로 어떤 게임을 하고 싶은 거야?"
"닌텐도를 사 주면 네가 게임을 더 많이 하려고 할까 봐 엄마는 걱정이 되네."

부모로서 기준은 세워 두되, 아이의 세계를 궁금해 하고 이해하기 위해 아이에게 직접 물어보는 것이지요. 이 과정에서 부모의 솔직한 마음과 생각을 말하며 진솔한 대화를 이어간다면 접점을 찾을 수 있습니다. 그렇게 질문과 대화를 통해 존중받고 있다는 감각, 사랑받고 있다는 느낌이 아이에게 전해집니다. 자연스럽게 유대감과 친밀감이 생기죠.

같은 뜻을 전할 때도 말의 양상은 다양합니다. 부모가 어떻게 말하느냐에 따라 아들의 반응은 달라집니다. 지시와 대화 상황을 구분하고, 규칙을 대화로 정하고, 그렇게 정한 규칙을 지시하는 것만으로도 아들은 좋은 습관을 기를 수 있어요..

이 책은 이론편과 실전편으로 나뉘어 있습니다. 먼저 이론편에서는 지시, 규칙, 대화에 대해 자세히 다룹니다. 1장에서는 아들의 특성에 꼭 맞는 지시 방법에 대해 알아봅니다. 아들에게 간단명료하게 지시하는 방법과 감정적이지 않고 정중하게 지시할 수 있는 태도에 대해 살펴볼 거예요. 2장에서는 아들을 키우는 데 꼭 필요한 규칙에 대해 알아봅니다. 아이와 규칙을 어떻게 정하고, 어떻게 지시하는지 상세히 알려 드릴게요. 3장에서는 아들을 존중하는 대화법에 대해 알아봅니다. 아이의 눈높이에 맞춰 친절하게 설명하는 노하우부터 아들의 마음을 여는 질문법, 지시와 대화의 상황별 구분 방법에 대해 자세히 살펴볼 거예요.

그럼 이제부터 아들 육아의 핵심인 지시, 규칙, 대화에 대해 알아가는 여정을 시작하겠습니다.

아들에게 통하는
정중한 지시 노하우

1

왜 쓰레기를 책상에 두는 거야?
누가 치우라고! 엄마가 청소부니?
내가 이 집 가사도우미야?
(장황한 지시)

치워.
(짧은 지시)

[중2, 책상에 빈 과자 봉지와 콜라 컵을 그대로 둔 상황]

"왜 쓰레기를 책상에 두는 거야? 쓰레기는 쓰레기통에, 컵은 개수대에 놓는 거 몰라? 누가 치우라고! 엄마가 청소부니? 내가 이 집 가사도우미야?"

"여기가 방이야, 쓰레기장이야? 발 디딜 곳이 없잖아! 네 방이고 네 책상인데, 왜 네 공간을 소중히 여기질 않아?"

"정리도 안 되는데 무슨 공부가 되겠어. 어질러진 방에서 집중이 잘도 되겠다!"

"이렇게 게으르고 지저분하면 너 누구랑도 같이 못 살아. 나중에 결혼하면 어쩌려고 이래? 아들 잘못 키웠다고 엄마 욕먹어!"

엄마의 잔소리가 반복되는 상황에서 아들은 어떤 반응을 보일까요? 일단 자기가 잘못한 상황이어도 아들은 귀담아듣지 않습니다. 건성으로 듣고 딴짓을 하기도 해요. 어떨 때는 끝까지 듣지도 않고 그만 좀 하라고 중간에 말을 자르기도 합니다. 그런 아들을 보면 엄마는 또 한번 화가 부글부글 끓어오릅니다.

아들이 그런 반응을 보인 이유는 '잔소리'를 들었기 때문입니다. 잔소리는 부정적인 감정이 섞여 있는 데다 길기까지 하지요. 누구에게나 듣기 좋은 말은 아니지만 아들에게는 더욱 그렇습니다.

남자는 언어 정보를 주로 좌뇌에서 처리하는 반면, 여자는 좌뇌와 우뇌를 골고루 씁니다. 요리나 설거지를 한 손으로 한다고 생각해보세요. 양손을 쓸 때보다 속도가 더딜 겁니다. 한 손으로는 많은 양의 요리나 설거지를 하는 게 버거울 거예요. 아들의 언어 처리도 그렇습니다. 언어 정보를 한쪽 뇌로 담당하다 보니 긴 잔소리는 처리하기가 어렵지요.

또 잔소리는 주제를 벗어난 내용이 많습니다. 예를 들면 이러니까 집중하지 못하고 공부를 못한다, 엄마를 무시한다, 결혼하면 아내가 힘들다, 엄마 욕 듣는다 등 모두 엄마가 부정적인 감정에 휩싸여서 지금 일과 관련 없는 상황까지 엮어 아이를 비난하는 말입니다.

아들의 잘못을 지적할 때는 그냥 잘못한 부분만 아들의 눈을 보면서 짧게 얘기하고 끝내는 게 현명합니다. 하고 싶은 말의 핵심만 정중하게 전달하세요. 정중함은 말의 길이에 달려 있지 않아요. 짧은 지시로도 얼마든지 정중하게 지시할 수 있습니다.

"치워."

"책상 정리해."

아들에게는 한마디면 충분합니다

진짜 하고 싶은 말은 생각만큼 길지 않습니다. 하지만 매번 양말을 뒤집어서 던져 놓는 아들을 보면 속 터져서 긴 잔소리를 늘어놓게 되죠.

"양말 바로 벗는 게 뭐가 힘들다고 또 이렇게 벗어 놨네! 이게 뭐야? 누가 뒤집으라고!"

정말 히고 싶은 말은 짧아요. 이 한마디면 됩니다.

"양말 바로 벗어 놔."

숙제를 미루는 아들에게도 마찬가지예요. "여태 숙제도 안 하고 뭐 하고 있어? 지금이 몇 신데? 빨리 숙제해!"라는 긴말 대신 "숙제해." 한마디면 충분합니다.

엄마가 말이 많아지면 아들은 많은 걸 알아듣는 게 아니라 많은 걸 흘려버립니다. 과부하가 걸리니 한 귀로 듣고 한 귀로 흘리는 거지요. 길다고 좋은 건 아니에요. 아들에게는 짧은 지시가 더 전달이 잘 됩니다.

2

엄마 피곤해.
(모호한 지시)

20분만 자고 일어나서 놀자.
알람 맞춰 놓을게.
(숫자형 지시)

[7세, 소파에 누워 있는 엄마에게 같이 놀자고 하는 상황]

아들 : 엄마, 일어나! 기차놀이 하자.

엄마 : (눈을 감고 힘없는 목소리로) 엄마 피곤해.

아들 : 자지 마. 놀자아! (손으로 엄마의 감은 눈을 뜨게 하며) 눈 떠어.

(엄마 머리채를 잡아 일으키며) 엄마, 일어나!

엄마 : 아파. 하지 마! 엄마는 쉬지도 못해? 어쩜 이렇게 네 생각만

하니?

기차놀이를 하자는 아이의 제안에 엄마는 피곤하다고 답합니다. 사실 피곤하다는 말 한마디에는 "피곤해서 기차놀이를 해줄 수 없어. 쉬고 싶어."라는 말이 내포되어 있습니다. 감정과 상황에 대한 여러 정보가 피곤하다는 한마디에 버무려져 있는 거죠. 그런데 아들은 모호한 감정 정보 처리를 어려워합니다. 그래서 계속 놀자며 엄마를 깨우고 조르는 것이죠.

아들이 이렇게 행동하는 배경은 뇌의 차이로 설명할 수 있습니다. 의학적으로 우리의 뇌는 좌뇌, 우뇌로 구분할 수 있는데요. 좌뇌는 언어를, 우뇌는 감정을 주로 담당합니다. 우뇌에서 감정을 느끼면 좌뇌에서는 어떤 감정을 느끼는지 이름을 붙이죠. 우뇌에서 인지한 모호한 감정 정보가 좌뇌를 거치면서 슬픔, 기쁨, 설렘 등의 단어로 분명해집니다. 좌뇌와 우뇌의 협업으로 감정 인식과 공감이 이루어지는 셈이지요.

좌뇌와 우뇌는 뇌량을 통해 연결되어 정보를 주고받습니다. 뇌량은 좌뇌와 우뇌의 소통과 협업을 가능하게 하는 일종의 다리인데요. 이 뇌량의 두께가 여성과 남성이 달라요. 여성의 뇌량은 남성의 뇌량에 비해 10퍼센트쯤 더 두꺼운 것으로 알려져 있습니다. 그래서 여성은 남성에 비해 좌뇌와 우뇌 간 협업이 원활하고 감정 인식과 감정 표현, 공감에 능숙한 것이지요.

그래서 딸의 경우 엄마가 피곤하다는 말을 들으면 이면에 숨겨진 쉬고 싶어 하는 마음을 잘 읽어 낼 수 있어요. 반대로 좌뇌와 우뇌를 연결하는 뇌량이 상대적으로 얇은 아들은 언어와 감정을 처리하는 속도가 느립니다. 분위기와 표정으로 상대방의 감정을 알아차리고 언어적으로 이해하는 게 어렵지요. 그래서 피곤하다는 엄마의 답은 아들에게 혼란을 줍니다.

'무슨 말이지? 지금 기차놀이를 해주겠다는 거야, 안 해주겠다는 거야?'

알쏭달쏭한 거죠. 앞의 사례에서 아들이 엄마의 머리채를 잡아 일으킨 건 본인 생각만 해서라기보다는, 엄마의 모호한 말에 숨겨진 감정 정보를 바로 처리하지 못한 데서 비롯된 행동입니다.

짧고 명확하게 숫자로 지시하세요

"지금은 기차놀이 못 해. 엄마가 20분만 자면 놀아 줄 수 있을 것 같아. 20분만 혼자 놀고 있어."

"엄마 20분만 눈 붙이고 일어나서 하자. 알람 맞춰 놓을게."

피곤하다는 막연한 말 대신 20분이라는 명확한 숫자로 지시하면 아들은 더 이상 "자지 마. 눈 떠!" 하면서 떼쓰지 않아요. 혼자 놀면서 엄마가 깰 때까지 기다립니다. 엄마가 한숨 자고 놀아 주겠다고 명확하게 알려 줬기 때문에 기다릴 수 있는 거죠.

이처럼 짧고 명확한 지시는 아들의 언어 처리의 어려움을 덜어 주는 확실한 방법입니다.

[초3, 높은 난간에 올라간 상황]

엄마 : 엄마가 너 보니까 가슴이 조마조마해. 사고 날까 봐 불안하다고! 내려와!

아들 : (엄마를 보면서도 내려오지는 않는다.)

뇌량이 좁은 아들에게 '불안하다, 조마조마하다'라는 감정 언어로 말하면 바로 알아듣지 못합니다. 엄마의 말이 신속하게 내려오라는 의미임을 알아차리고 처리하는 데 시간이 걸리기 때문이지요. 또한 '빨리, 얼른'이라는 말도 상대적입니다. 엄마에게는 '빨리'가 5분 이내라면 아들에게 '빨리'의 의미는 10분일 수 있습니다. 의사소통에 오해가 생길 수 있죠. 그래서 숫자와 시간으로 지시하는 게 아들에게는 명확하게 전달됩니다.

"내려와. 셋 센다. 하나, 둘, 셋." (숫자 지시)

하나, 둘 숫자를 세는 것으로 아들에게 빨리 내려와야 한다는 메시지를 전할 수 있어요.

"얼른 해." → "준비할 시간 5분 있어."

"빨리 양치해." → "양치해. 5초 센다. 5, 4, 3, 2, 1."

"당장 내려와." → "내려와. 셋 센다. 하나, 둘, 셋."

3

숙제하자. 엄마 힘들어.
네가 숙제부터 하면 좋겠어.
(감정이 개입된 지시)

숙제해.
(감정을 뺀 지시)

[① 청유형 지시 : ~하자]

"돌아다니지 말고 식탁에서 앉아서 먹자."

"양치하자."

"숙제하자."

"옷 입자."

"위험한 짓 하지 말고 내려오자."

[② 감정형 지시 : ~하면 엄마 속상해, 힘들어]

"아침마다 너 깨우는 게 일이야. 너무 힘들어. 좀 일어나."

"옷 안 입고 뭉그적거리는 거 정말 보기 싫어."

"숙제 좀 해. 엄마 힘들어."

"네가 높은 데 올라가면 마음이 조마조마해. 엄마 불안하니까 제발 하지 마!"

[③ 욕구형 지시 : ~하면 좋겠어]

"엄마는 네가 약속을 지켰으면 좋겠어."

"엄마는 옷부터 입으면 좋겠어."

"엄마는 너랑 눈 마주치고 밥 먹고 싶어. 앉아서 먹으면 좋겠어."

"숙제처럼 네가 꼭 해야 할 일은 기분 좋게 했으면 좋겠어. 엄마는 네가 씩씩하게 숙제 끝내는 거 보고 싶어."

"그만 내려와. 다칠 수 있으니 제발 위험한 짓 좀 안 하면 좋겠어."

같은 내용이라도 지시 방식은 다양합니다. 숙제하라는 말을 "숙제하자."라고 할 수도 있고 "숙제하면 좋겠어." 또는 "엄마는 네가 숙제하는 거 보고 싶어."라고 말할 수도 있습니다. 이같이 감정과 욕구가 개입된 지시는 친절하고 다정한 느낌을 줍니다. 하지만 아들에게 말할 땐 문제가 생깁니다.

감정이 개입된 지시의 문제점 4가지

첫째, 말이 길어집니다. 친절하지만 문장이 길어요. 언어 활동에서 좌뇌를 주로 쓰는 남자아이들은 긴 문장을 처리하기 어려워 합니다.

둘째, 모호합니다. '~하면 좋겠어'라는 식의 욕구가 개입되면 지시 내용이 모호해집니다. 꼭 해야 할 일에 '~하자'라는 제안이 섞이니 아이 입장에서는 해도 되고 안 해도 될 것 같아요. 좌뇌와 우뇌를 연결하는 뇌량이 가느다란 아들에게 감정과 언어 정보를 동시에 처리하기란 쉽지 않은 일입니다.

셋째, 메시지에 힘이 없습니다. 청유형, 감정형, 욕구형 모두 간곡히 부탁하는 느낌이 조금씩 섞여 있어요. 상대에게 쩔쩔매는 느낌이 들죠. 그러면 아들은 새겨들어야겠다는 마음, 곧장 엄마의 지시에 따라 움직여야겠다는 생각이 좀처럼 안 들어요.

넷째, 지시에 감정이 개입되면 엄마 입장에서도 마음이 상합니다. 아들이 말을 안 들을 때 마치 내 감정과 욕구가 무시당하고 거부당하는 것 같거든요. 굳이 마음을 말하지 않아도 될 상황에서 감정과 욕구를 개입시키다 보니, 단순히 지시 이행을 하지 않는 아들의 행동에 거부감과 좌절감을 느끼는 겁니다.

감정은 중립적으로, 지시는 담백하게

"숙제해."

"양치해."

"옷 입어."

"내려와."

"다 먹어."

아들에게는 이렇게 감정을 뺀 짧은 지시를 할 때 더 명확하게 전달됩니다. 감정과 욕구 표현, 청유와 권유는 지시가 아닌 대화에 적합한 의사소통 방식인 거죠.

단호하게 지시해야 할 상황과 함께 대화해야 할 상황은 제각각이에요. 아들이 꼭 해야 할 일을 말할 땐 감정은 중립적으로, 지시는 담백하게 하는 게 바람직합니다. 지시할 때 감정을 빼면 지시를 따르지 않는 아들에게 마음 상할 일도 줄어요. 그리고 목표를 위한 행동에만 집중할 수 있습니다.

아들에게 항상 다정하고 친절하게 말해야 하는 건 아니에요. 마음을 헤아려 주어야 할 때, 살피고 보듬어 주어야 할 때는 다정한 공감의 말을, 통제가 필요한 상황에서는 감정을 뺀 지시를 해야 합니다. 상황에 따라 아이를 대하는 부모의 태도가 달라져야 해요.

4

안 돼! 집에 장난감이
얼마나 많은데 또 사 달래?
(감정이 개입된 지시)

집에 비슷한 장난감이
여러 개 있는 거 알아?
(정중한 지시)

[6세, 마트에서 장난감을 사 달라고 조르는 상황]

"안 돼! 집에 장난감이 얼마나 많은데 또 사 달래?"

[초3, 실내화를 신고 온 걸 집에 와서 알게 된 상황]

"너 몇 학년이야? 정신이 있어, 없어?"

[중2, 주말 아침에 일어나자마자 스마트폰 하는 걸 엄마가 본 상황]

"눈 뜨자마자 무슨 스마트폰이야? 시험이 코앞인데 공부 안 해?"

"왜 그래?", "정신이 있어 없어?"라는 말에는 부모의 불편한 감정이 실려 있습니다. 비난과 질책을 담은 부정적 피드백이죠. 물음표를 달고 있지만 질문이라고 하기 어렵습니다. 애초에 아들에게 대답을 기대하지도 않아요. 이런 말을 들으면 아들은 어떻게 반응해야 할지 난처합니다. 몇 학년이냐는 물음에 3학년이라고 대답해야 할지, 정신이 있냐는 물음에 정신이 있다고 해야 할지 없다고 해야 할지 난감하지요.

물론 눈 뜨자마자 스마트폰부터 잡는다거나, 늦잠을 잔다거나, 실내화를 신고 집에 온다거나, 장난감 사 달라고 떼쓰는 것 모두 바람직한 행동은 아닙니다. 스스로 스마트폰을 들여다보는 시간을 조절할 수 있어야 하고, 등교 시간에 늦지 않게 일어날 수 있어야 하며, 자신의 물건을 챙길 줄 알아야 하고, 장난감 타령도 정도껏 해야죠. 모두 부모의 안내와 지시가 필요한 일입니다.

이때 중요한 건 비난과 질책 같은 부정적인 피드백이 행동을 고치려는 마음이 아닌 반발심을 키운다는 거예요. 그럴수록 아들은 오히려 삐딱해집니다.

"싫어, 싫어. 장난감 없어. 살 거야. 이거 사 줘."
"깜빡한 걸 가지고 왜 화내? 엄마도 깜빡할 때 있잖아."
"공부 얘기 좀 그만하세요. 귀에서 피 날 것 같아요."

아들의 자존심을 지켜 주는 정중한 지시

부정적인 감정이 실린 말들이 아들의 자존심을 상하게 할 수 있다는 걸 기억해야 합니다. 아들은 자존심이 침해받았다고 느끼면 공격적으로 행동합니다. 자존심을 건드리면 더 말을 안 들어요. 스스로 문제를 자각하고 내적 각성을 해야 자신의 태도나 행동을 인정하고 바꾸려고 노력하는데, 그러려면 적어도 자존심은 지켜 줘야 합니다.

엄마가 비난하는 말을 할 때 아들은 자신이 뭔가 잘못하고 있다는 것은 알지만 어떻게 개선해야 할지 스스로 깨닫기 어렵죠. 비난은 문제를 더욱 악화시키고 문제에서 빠져나오지 못하게 합니다. 아들에게 필요한 건 무엇이 문제인지, 어떻게 해결해 나갈지 깨닫게 돕는 말입니다.

"집에 비슷한 장난감이 여러 개 있는 거 알아?"
"내일 뭐 신고 학교에 갈래? 저 실내화는 어떻게 해?"
"시험 얼마나 남았어? 오늘 하루 어떻게 보낼 계획이야?"

집에 비슷한 장난감이 여러 개 있는 걸 아느냐는 질문을 받는 순간, 아들은 자신이 갖고 있는 장난감을 떠올릴 것입니다. 내일 무얼 신고 가냐는 질문을 듣고 아들은 자신의 신발이 학교에 있다는 사실, 다른 신발을 꺼내 신어야 한다는 사실을 자각할 수 있고요. 또 시험 기간이 얼마나 남았는지, 오늘 하루를 어떻게 보낼지 질문을 듣고 아들은 시험이 코앞이라는 사실과 공부를 해야 한다는 사실, 스마트폰 들여다보는 걸 멈춰야 한다는 사실을 깨달을 수 있습니다.

질문은 자각, 각성을 일으키는 강력한 지시 도구입니다. 아이가 모르는 걸 알려 주는 게 아니라 아이가 이미 알고 있는 걸 의식적으로 꺼내도록 하는 것이지요.

무엇이 문제이고, 무엇을 해야 하고, 어떻게 개선해야 할지 생각하고 답을 찾는 건 엄마가 아닌 아들이어야 합니다. 상황을 나아지게 할 수 있는 힘은 아들에게 있어요. 감정이 실린 비난 대신 '정중한 질문'을 던진다면 아들은 스스로 답을 찾습니다.

5

꼭 화를 내야 말을 듣지!
(샤우팅)

안 돼.
(힘 있는 지시)

[초3, 공부를 하지 않고 게임 시간을 적립해 달라고 조르는 상황]

아들 : 오늘만 연산 안 하고 게임 시간 적립해 주면 안 돼요?

엄마 : 안 돼.

아들 : 딱 한 번만, 다른 건 다 했는데. 오늘 하루만 연산 빼 줘요.

엄마 : 너 엊그제도 한 번만 빼 달라고 해서 빼 줬잖아. 오늘 또 그러
       면 어떻게 해?

아들 : 아니이, 나는 나눗셈이 제일 싫은데….

엄마 : 힘들어도 해야 하는 게 있는 거야. 엄마도 밥하기 힘들어. 그

래도 하잖아!

아들 : 아, 진짜!

엄마 : 어떻게 된 게 하루라도 조용히 하는 날이 없어? 꼭 화를 내
야 말을 듣지!

곧장 하면 좋을 텐데 아들은 버티고 또 버팁니다. 마땅히 해야 할
일인데도 엄마와 옥신각신 끝에 시간을 한참 넘겨 마지못해 하지요.
스스로 정한 규칙이어도 고집을 피우고, 미루고, 짜증을 내고, 버티
는 걸 보면 엄마도 화가 나요. 웬만하면 큰소리 내지 않고 좋게 말하
려고 하지만 그러는 데도 한계가 있지요. 참고 기다리다 결국 폭발
하곤 합니다.

아들에게 샤우팅이 통하지 않는 이유

"야!"

"도대체 왜 그래?"

"꼭 화를 내야 말을 듣지!"

아들을 키우다 보면 저도 모르게 소리를 내지르게 됩니다. 큰소리
로 야단을 치면 당장은 효과가 있는 것 같지만 장기적으로는 오히려

역효과예요. 어릴 때야 두렵고 무서우면 말을 듣지만 익숙해지면 두렵지도 무섭지도 않거든요.

우리도 누군가 소리를 지르는 걸 보면 좋게 보이지 않죠? '왜 저래?', '좋게 말로 하면 되지 왜 소리를 질러?'라고 생각하는 것처럼 아들도 그렇습니다. 샤우팅이 반복되면 부모의 권위가 안 느껴져요. 시간이 지날수록 신경질적이고 짜증 섞인 샤우팅에 아들의 반발심과 반항심만 커집니다. 소리 지르는 것도, 아이를 이기려고 드는 것도 바람직하지 않습니다. 이기는 건 최선이 아닙니다.

지시를 따르지 않는 아들을 변화시키려면

막무가내로 지시를 따르지 않는 아들에게 어떻게 대응해야 할까요? 이런 태도는 엄마에게 안 통한다는 걸 아들에게 보여 주어야 합니다. 버텨도 소용없다는 것, 어차피 해야 한다는 걸 깨닫게 해주는 것이지요. 어금니 꽉 깨물고 무섭게 말하는 게 아닌 정중함을 유지하는 게 핵심입니다. 정중한 태도로 떼와 고집, 막무가내의 거부가 안 통한다는 걸 보여 주세요. 여기에는 비언어적 방법, 언어적 방법 두 가지가 있습니다.

① 비언어적 방법

먼저 비언어적 방법은 부모의 위엄을 태도와 행동으로 보여 주는 거예요. 정중함이란 감정에 휘둘리지 않고 위엄을 유지하는 것입니다. 엄마가 감정에 흔들리지 않아야 해요. 아들의 부정적 감정에 영향을 받아 화를 낸다거나 상황을 회피하는 태도를 보이면 아들은 제 뜻대로 밀고 들어오려고 할 거예요. 계속 안 하려고 하는 식이죠. 이때 엄마는 감정에 흔들림 없이 중심을 잡아야 해요.

만약 양치하기 싫다며 도망가는 아들을 억지로 잡으러 간다면 잡기 놀이를 하는 것이나 다를 바 없어요. 애랑 어른이 똑같아지는 거죠. 막무가내인 아들과 감정싸움, 말싸움, 기싸움을 하면 부모의 권위가 서지 않아요. 물러서지 말고 그 자리에서 버텨야 해요. 고집 피우고 떼를 쓰고 미루는 게 안 통한다는 걸 말이 아닌 눈빛과 태도와 행동으로 보여 줘야 합니다.

② 언어적 방법

언어적 방법은 눈으로 아이를 응시하면서 최대한 짧게, 하지만 힘 있게 말하는 겁니다.

아들 : 오늘만 연산 안 하고 게임 시간 적립해 주면 안 돼요?

엄마 : (정중하게) **안 돼. 규칙이야.**

아들 : 딱 한 번만. 다른 건 다 했는데. 오늘 하루만 연산 빼 줘요.

엄마 : (정중하게) **그만. 규칙을 지켜.**

아들 : 아니이, 나는 나눗셈이 제일 싫은데….

엄마 : (정중하게) **규칙대로 해.**

아이에게 반복해서 말하거나 목소리를 높이면 오히려 힘이 느껴지지 않아요. 감정에 휘둘리지 말고 윽박지르지 말고 굵고 낮은 저음으로, 짧지만 힘 있게 말합니다. 위엄 있고 점잖은 태도와 정중함은 바로 이런 것입니다. 침착하고 진지하게 말하면 됩니다. '엄마는 너에게 흔들리지 않고 밀리지도 않는다'는 메시지가 드러나야 합니다.

"안 돼."

"그만."

"거기까지."

"꺼."

"해."

"끝."

꼭 해야 할 일은 반드시 해야 한다는 것, 약속을 지키지 않으면 안 된다는 것을 아이가 몸으로 배워야 해요. 말 안 듣는 아들에게 도움이 되는 건 샤우팅이 아닌 버텨도 소용없다는 경험입니다.

6

너 내 말 무시해?
(비난)

엄마가 말할 때
잘 보고 듣고 끄덕여.
(경청 지시)

엄마가 말하는데 아들은 보지도 않고 듣는 둥 마는 둥 할 때가 많습니다. 딴짓 삼매경에 듣고 있냐고 확인하면 "못 들었는데?"라고 말해요. 이럴 때 무척 얄미워요. 아들에게 존중받지 못하고 무시당한 것 같아 엄마는 마음이 상합니다. 결국 "몇 번을 말해? 왜 이렇게 말을 안 들어?", "야! 너 내 말 무시해?"라는 비난의 말이 튀어나오죠. 한번 말하면 듣지 않고 고래고래 소리를 질러야 그나마 먹히니 자꾸 언성을 높이게 됩니다.

어떤 사람이 나에게 말을 하면 우선 들어야 합니다. 경청은 사람과 사람의 대화 상식이자 암묵적 룰이에요. 따라서 누군가 나에게 말하면 귀 기울여 들어야 한다는 기본 규칙을 아들에게 가르쳐야 합니다. 한번 말해서 듣지 않는 아들에게 꼭 필요한 건 듣는 훈련이에요. 목소리를 높일 게 아니라 차분히 경청하는 법을 가르치고 연습하게 해야 합니다.

아이의 눈을 바라보며 이야기하세요

경청은 다음 세 가지로 설명할 수 있습니다.

첫째, 눈으로 말하는 사람을 본다.
둘째, 귀로 상대방이 하는 말을 듣는다.
셋째, 고개를 끄덕이거나 손가락으로 동그라미를 만들거나 말로 알아들었다는 반응을 한다.

"엄마가 말할 때 세 가지만 지켜. 엄마 눈을 봐. 엄마 말을 들어. 알아들었으면 끄덕여. 그럼 10초면 끝나."

어떤 지시를 하기 전에 "엄마 눈을 봐."라고 경청을 지시하는 것만으로도 아들은 엄마의 말에 주의를 집중하고 흘려듣지 않습니다.

아들이 멍때리고 있을 때나 좋아하는 일에 몰두하고 있어도 멀리서 지시하지 말고 직접 가서 눈을 마주치고 지시합니다. 얼굴을 마주하지 않고 눈을 보지 않은 상태에서 이야기할 때와 얼굴을 마주하고 눈을 바라보며 이야기할 때 소통의 질이 달라집니다. 눈을 바라보는 것만으로 온전히 그 사람에게 집중하게 되니 말하는 내용에 힘이 생깁니다.

경청은 대화하는 상대에 대한 예의이자 존중의 표현이에요. 아이에게 경청을 가르치는 것은 다른 사람을 존중하는 법을 알려 주는 것이기도 합니다. 듣는 법도 배우고 익혀야 하는 것입니다. 아이가 경청을 몸에 익히는 건 자신과 타인을 존중하는 삶을 위해서도 꼭 필요합니다.

1. [초1] 통화 중인 엄마에게 아들이 계속 말을 겁니다. 조금 이따 얘기
   하자는 수신호를 보내도 아들은 알아듣지 못하고 계속 말을 걸어요.
   이 상황에서 엄마는 뭐라고 말하면 좋을까요?

   ① "미안해. 조금만 기다려. 통화 끝나면 네 얘기 들어줄게."
   ② "엄마 통화 중일 때 말 시키는 거 아니야. 통화 끝날 때까지 기다
      리는 거야."
   ③ "통화할 때는 끝날 때까지 기다리는 거야. 엄마 통화하는 데 10분
      쯤 걸려. 10분만 책 읽으면서 기다리고 있어."

답 ③번

전화 통화 중에는 말을 끊지 않고 기다리는 걸 아이가 배워야 합니다. ①번처럼 엄
마가 통화를 하고 있는데 방해하는 아이에게 사과하면 아이는 자신의 행동이 정당
하다고 여길 수 있어요. 통화 중에 말을 끊어도 된다는 메시지가 될 수 있습니다.
②번은 통화 중일 때 기다려야 한다고 알려 주었지만 모호합니다. 언제 끝나는지,
언제까지 기다려야 하는지 예상이 안 되는 상태에서 아이가 마냥 기다리기란 쉽지
않아요. 시간이 얼마나 걸리는지를 명확히 알려 주고 가급적 그 시간 내에 통화를
마치는 게 좋습니다.

2. [5세] 엄마에게 자꾸 소리를 지르는 아이에게 어떻게 말해야 할까요?

① "네가 소리 지르면 귀가 아파. 엄마 귀 아프면 병원 가야 해. 엄마
아야 해서 병원 가면 좋겠어?"
② "엄마한테 소리 지르는 거 아니야. 엄마가 다섯까지 셀 동안 천천
히 숨 쉬면서 마음을 가라앉혀. 하나, 둘…."
③ "엄마가 너한테 소리 지르면 넌 기분이 어떨 것 같아? 너도 엄마
가 소리 지르면 귀 막잖아. 듣기 싫잖아. 엄마도 그래. 듣기 싫어!

답 ②번
①번에서 엄마가 귀 아파서 병원 가면 좋겠냐는 물음은 질문이 아닌 비난과 질책
에 가깝습니다. ③번은 감정이 개입된 지시입니다. 지시에 감정이 개입되면 소리
지르지 말라는 지시 내용이 모호해집니다. 그리고 부모의 말을 무시하고 아이가
또 소리를 지르면 마음이 상하시요. 행동 문제가 관계 문제로 커질 수 있습니다. 소
리 지르는 행동을 멈추도록 명료하게 지시하는 ②번이 가장 바람직합니다.

3. **[초2]** 궁금한 건 직접 만져 보고 행동으로 옮기려는 성향이 있는 아들이 의자를 밟고 서랍장 위에 올라갔어요. 이때 어떻게 반응해야 할까요?

① "위험한 짓 하지 말자. 올라가지 말자."
② "서랍장에 올라가면 위험해. 엄마는 네가 위험한 행동을 하지 않았으면 좋겠어."
③ "너 다칠까 봐 엄마 걱정돼. 가슴이 조마조마해. 제발 그런 짓 좀 하지 마!"
④ "내려와."

답 ④번

①번은 청유형 지시, ②번은 욕구형 지시, ③번은 감정형 지시에 해당합니다. 지시에 감정과 욕구가 개입되면 지시 내용이 모호해지고, 청유형 지시는 선택할 수 있는 여지가 있다는 오해를 줄 수 있습니다. 지시의 핵심인 목표 행동이 무엇인지 명확하게 알려 주는 것이 가장 바람직합니다.

4. [초2] 등교 시간이 다 되었는데도 학교 갈 채비를 하지 않고 멍때리고 있는 아이에게 어떻게 말해야 할까요?

① "얘가 왜 이래? 여태 멍때리고 있으면 어떻게 해?"
② "너 이러다 늦는다."
③ "엄마 눈 봐. 지금 8시 15분인 거, 알고 있니?"

답 ③번

①번은 비난, ②번은 부정적 단정입니다. 둘 다 부정적인 느낌을 주지요. 부모의 부정적인 말을 들으면 아이는 잘못하고 있는 건 알지만 어떻게 해야 할지 감을 잡기 어렵습니다. 멍때리고 있는 아이에게 먼저 경청을 지시하고, 스스로 자각할 수 있는 질문을 한다면 아이 스스로 자신의 행동을 바로잡을 것입니다.

아들 부모의 필수 문장

"규칙이야."
"규칙을 지켜."
"규칙대로 해."

1

이렇게 쓰면
선생님도 못 알아봐.
(부정적 판단)

규칙을 지켜서 써.
(규칙 지시)

[5세, 집에서 쿵쿵 뛰는 상황]

"뛰지 마! 뛰면 아랫집에서 아저씨가 '이놈' 하셔."

[6세, 카시트에 앉지 않겠다고 떼쓰는 상황]

"안 돼. 카시트에 앉아야 해. 계속 그러면 경찰 아저씨한테 혼나."

[초4, 독서록 숙제를 했는데 글씨를 휘갈겨 쓴 상황]

"글씨가 이게 뭐야. 이렇게 쓰면 선생님도 못 알아봐. 지우고 다시 써. 또박또박 써 봐."

통제의 근거를 사람에 두는 건 합리적이지 않습니다. 카시트에 앉지 않는다고 경찰 아저씨가 진짜 쫓아오지는 않으니까요. 아이가 글씨를 아무리 휘갈겨 써도 선생님은 알아볼 수도 있어요. '선생님을 위해서 글씨를 고쳐 써야 하는 거야?' 하며 아이는 좀처럼 이해를 못 합니다. 그래서 "우리 선생님은 다 알아보던데요?"라고 응수하기도 하죠.

통제의 근거는 사람이 아닌 규칙입니다

내 아이를 훈육하는데 다른 사람을 끌어들이는 건 바람직하지 않습니다. 관련 없는 사람을 엮어서 겁주거나 감정적인 불편감을 주는 건 좋은 통제 방식이 아니에요.

위 상황에서 통제의 근거는 사람이 아닌 규칙이어야 합니다. 글씨를 또박또박 잘 써야 하는 이유는 선생님이 잘 알아봐야 해서가 아니라 누구든 글씨를 읽고 이해할 수 있도록 그렇게 쓰기로 규칙을 정했기 때문입니다. 카시트에 앉아야 하는 이유도 경찰 아저씨가 쫓아와서가 아니라 안전을 위해 지켜야 하는 규칙이기 때문이죠. 집에서 뛰지 말아야 하는 이유도 그것이 아파트 생활 규칙이기 때문입니다.

"집에서는 뛰지 않는 게 규칙이야. 소리가 울려서 아랫층 사시는 분들에게 피해가 가거든. 규칙을 지켜."

"안 돼. 너 나이에는 차 탈 때 카시트에 앉는 게 규칙이야. 만 6세까지는 안전을 위해서 의무적으로 앉아야 해."

"글씨는 줄에 걸치게 쓰지 않아. 줄 위에 쓰는 게 규칙이야. 규칙을 지켜서 써."

아들에게 가르쳐야 할 것은 규칙입니다. 경찰 아저씨나 선생님 때문이 아니라 다양한 사람들이 어우러져 살아가기 위해서는 규칙을 따라야 한다는 것을 명확히 얘기해 주세요. 비난이나 금지로는 아들을 통제하기는커녕 관계만 나빠질 수 있어요. 왜 규칙을 지켜야 하는지를 이해하면 "규칙을 지켜."라는 한마디로도 서로 마음 상하지 않고 아들 스스로 행동을 고칠 수 있습니다.

2

지금 하는 것만 마무리하고
양치하는 거야.
(공감)

양치부터 해.
양치가 우선이야.
(규칙 지시)

[6세, 아침에 유치원에 가기 싫다고 하는 상황]

"유치원 가기 싫어. 졸려. 더 잘래!"

[초1, 양치를 미루고 장난감만 붙들고 있는 상황]

"이따가~ 이것만 하고 양치할게. 지금 다 완성하고 싶단 말이야."

[초2, 하루 한 장 연산을 안 하려고 하는 상황]

"이걸 언제 다 풀어요. 너무 많아요. 하기 싫어요. 안 하면 안 돼요?"

유치원에 가는 것, 양치를 하는 것, 하루 한 장씩 문제를 푸는 것. 모두 아이가 꼭 해야 하는 일입니다. 아이의 하루 일과이자 지켜야 할 규칙이죠. 매일 하던 일임에도 하기 싫어하고 미룰 때가 있어요. 이럴 때 아이의 마음을 헤아려 주어야 할지, 단호히 안 된다고 해야 할지 혼란스러울 수 있습니다. 이럴 때는 이러한 일이 얼마나 자주 일어나는지(상황의 빈도) 그리고 아들의 연령을 종합적으로 살펴보세요.

상황의 빈도에 따라 다르게 말하세요

① 꼭 해야 할 일을 '늘' 하기 싫어한다면, 지시

아들이 '자주' 혹은 '늘' 규칙대로 하지 않는다면 공감은 적절하지 않습니다. 계속 오구오구 해주면 아들은 그 일을 '안 해도 되는구나' 하며 싫은 건 더 하지 않고 미루려고 해요. 자꾸 공감해 주면 안 하고 미루는 게 습관이 될 수 있죠.

이럴 때는 아들의 기분을 살피기보다 해야 한다고 단호히 지시해야 합니다. 꼭 해야 할 일이고 규칙이라면 딱 잘라 얘기하세요. 엄마가 단호한 태도를 보이면 아들도 지시에 잘 따릅니다.

"일어나. 유치원 가야 해."
"양치부터 해. 잘 시간이야. 양치가 더 중요해."

"OOO해. 규칙이야."

② 꼭 해야 할 일을 '가끔' 하기 싫어한다면, 공감

아들이 하기 싫어하고 미루는 일이 매일이 아니라 가끔, 어쩌다 한 번이라면 이유를 들어 볼 필요가 있습니다. 나름의 이유와 사정을 헤아려 주어야 하죠. 이때의 공감은 꼭 필요한 공감입니다.

왜 하기 싫은지, 왜 미루고 싶은지, 어떤 사정이 있는지 묻고 아들의 마음을 살펴 주세요. 아들의 말을 들으며 공감해 주고 미처 표현하지 못하는 부분을 헤아려 주면 아들은 마음을 추스르기 좀 더 쉬울 거예요. 이럴 때는 따뜻한 공감이 필요합니다.

"졸려? 더 자고 싶어?"

"오늘 꼭 완성하고 싶어? 그럼 지금 하고 있는 것까지만 마무리하고 양치하자."

"오늘따라 유독 힘들어하네. 피곤하니? 오늘만 쉬어 갈까?"

하지만 지시와 규칙을 자주 어긴다면 이때는 '공감'이 아닌 '지시'를 해야 합니다. 상습적으로 미루고 하기 싫어하는 마음에 대한 공감은 오히려 안 하는 습관, 미루는 습관을 부추길 수 있으니까요. 꼭 해야 할 일을 미루고 안 하려는 마음을 헤아려 주는 건 공감이 아니라 불필요한 실랑이입니다.

아들의 연령도 고려하세요

연령도 고려해야 할 요인입니다. 기관에 등원을 처음 하거나 양치하는 걸 배우기 시작한 서너 살 무렵의 아이라면 어려움을 헤아려 줄 수 있습니다. 시작은 누구에게나 어려우니까요. 하지만 초등학생이라면 대처가 달라야 해요.

양치를 몇 년간 숱하게 경험해 보았다면 자기 전에 양치를 하는 게 규칙이고 기본적으로 해야 할 일이라는 걸 아이도 이미 알 것입니다. 하기 싫어하는 마음을 무작정 공감하고 받아 주다가는 버릇이 더 나빠질 수 있어요.

꼭 해야 할 일에 대한 저항심은 언제까지나 지속되지 않습니다. 습관으로 자리 잡으면 애쓰지 않고 자동으로 하게 되죠. 그러니 일찍 습관이 형성되도록 하면 아들에게나 엄마에게나 좋아요.

공감은 꼭 필요합니다. 하지만 무조건적인 공감과 감정 수용이 오히려 독이 되는 경우도 있습니다. 그리고 하기 싫어하거나 미루는 태도만이 아닌 이런 상황이 일어나는 '빈도'와 아들의 '연령'을 고려해야 합니다. 규칙을 지켜야 한다는 걸 알 만한 나이인데 미루고 하지 않으려고 한다면 딱 잘라 지시해야 합니다.

3

몇 번을 말해? 꼭 화를 내야 말을 듣지!
(샤우팅)

숙제는 규칙이야.
규칙을 싫어하는 마음까지
받아 주지는 않아.
(규칙 지시)

[7세, 밥 먹으라고 할 때마다 곧장 오지 않는 상황]

"이따가…."

[초2, 숙제하라고 할 때마다 싫다고 하는 상황]

"싫은데? 숙제하기 싫어."

육아 코칭을 시작하면서 여러 부모님을 일대일로 만나고 있습니다. 유아부터 사춘기 청소년까지 코칭을 받는 부모님들의 자녀 연령은 매우 다양합니다. 성별로 보면 아들을 키우는 부모님의 비율이 딸을 키우는 부모님보다 압도적으로 많고요. 아들을 키우는 부모님들이 토로한 공통적인 어려움이 바로 위와 같이 말을 안 듣는 상황이에요. 이런 난감한 상황에서도 아들과 대화하기 위해 애쓰는 부모님이 정말 많습니다.

"이따가 먹을 거야? 그러면 식어서 맛이 없어. 얼른 와서 먹자."
"싫을 수 있지. 그래도 해야 해."

아들을 존중하고 사랑하는 마음으로 머릿속에 '참을 인' 자를 새기며 최대한 좋게 말해 주는 것이지요. 그런데 문제는 이렇게 말을 해도 아들이 말을 듣지 않는다는 겁니다.

"야! 몇 번을 말해? 내 말이 말 같지 않아? 빨리 와서 먹어!"
"얼른 숙제해! 꼭 화를 내야 말을 듣지!"

좋게 말해서는 도무지 말을 안 들으니 결국 아이에게 화를 내게 됩니다. 다정하게 대화를 시도해도 안 통하니 샤우팅으로 끝이 나는 거죠. 아들은 왜 부모가 공감을 해주어도 말을 듣지 않을까요? 아이를 위해 애를 쓰는데 왜 통하지 않을까요?

많은 부모님들이 혼란스러워하는 지점이에요. 이러한 혼란에서 벗어나기 위해서는 존중 대상에 대한 이해와 상황 구분이 필요합니다.

아이를 존중하는 두 가지 말, 공감과 지시

아이를 향한 존중의 말은 크게 두 가지로 구분할 수 있습니다. 아이의 감정을 존중하는 말 그리고 아이에게 규칙에 대한 존중을 가르치는 말입니다. 감정에 대한 존중이 '공감'이라면 규칙에 대한 존중은 '지시'인 셈이지요. 부모는 아이를 존중해야 하고 동시에 정해진 규칙에 대한 존중을 아이에게 가르쳐야 합니다.

아이가 부끄럽다고 인사를 하지 않거나 줄 서서 기다리는 게 번거롭다고 새치기를 하는 상황을 가정해 봅시다. 선생님이 학교에서 아이에게 줄을 서라고 했는데 "싫은데요."라고 말하거나 교과서를 꺼내라고 했는데 "귀찮아요."라고 말하는 상황을 떠올려 보세요. 이런 경우 아이의 마음을 헤아려 주는 건 교육적이지 않습니다. 그러면 아이는 잘못된 행동에 대해 정당성을 얻고 자신의 행동을 고치려고 하지 않아요.

무엇이 잘못된 행동인지 부모가 가르치고 고쳐 주지 않으면 아이는 날이 갈수록 말을 안 들어요. 어떤 아이는 부모 머리 꼭대기까지 올라 제멋대로 하려고 합니다. 버릇없고 무례해지는 거죠.

싫고 귀찮은 감정은 규칙을 어기는 근거가 될 수 없어요. 감정에 대한 존중보다 옳고 그름에 대한 가르침이 먼저입니다.

"지금 와서 먹어. 밥 차리면 곧장 와서 먹는 게 예의이고 규칙이야."
"숙제를 좋아하라고 한 게 아니야. 숙제를 하라고 한 거야. 숙제하는 건 규칙이고 상식이야. 좋든 싫든 지켜야 해. 엄마는 네 감정을 소중히 여기지만 규칙을 싫어하는 마음까지 받아 주지는 않아."

규칙을 지키는 것은 아이가 세상을 살아가기 위한 기본 중의 기본이에요. 아들의 감정을 존중하고 소중히 여기는 것도 중요하지만 아들에게 규칙을 가르치는 것 또한 놓쳐서는 안 됩니다. 허용 범위를 정해 지시하고, 한계를 벗어났을 때 따끔하게 바로잡는 것이지요. 아들은 이 과정을 통해 비로소 규칙과 규범을 지켜야 한다는 걸 터득합니다. 부모가 규칙을 단호히 지시하고 아이가 지시에 따를 때 규칙을 존중하는 아이로 자랄 수 있어요.

말의 내용과 표현 방식은 달라도 공감과 지시의 목표는 같습니다. 바로 '존중'이에요. 아들에게 지시해야 하는 이유도 존중이고, 아들에게 공감을 해주어야 하는 이유도 존중입니다. 공감과 지시, 둘 다 아들을 성장하게 합니다.

4

다른 애들에 비하면
넌 적게 하는 거야.
(비교)

규칙이야. 규칙을 지켜.
(규칙 지시)

[초1, 글씨 연습을 하기 싫어하는 상황]

아들 : 너무 많아. 놀이터는 언제 가냐고.

엄마 : 한 장이 뭐가 많아? 이거 다 쓰고 놀이터 가.

아들 : 이걸 언제 다 해?

엄마 : 오래 안 걸려. 마음먹고 하면 5분이면 끝나.

아들 : 엄마는 왜 나를 조종하려고 해?

엄마 : 조종? 그게 무슨 소리야? 내가 너를 조종해?

아들 : 엄마는 글씨 연습만 하라고 하잖아. 나는 이거 때문에 놀지도

못하고.

엄마 : 무슨 글씨 연습 때문에 못 놀아? 한 장 쓰고 종일 노는데! 알림장 꼴찌로 써서 연습하라고 하는 게 조종이야?

제 아들은 초등학교 입학 직전까지 에디슨 젓가락을 썼고, 1학년 때는 알림장 쓰기에서 꼴찌를 도맡아 했습니다. 손으로 하는 건 뭐든 더뎠어요. 하교 시간이면 교문 앞에서 아들을 하염없이 기다렸답니다. 친구들이 썰물처럼 지나가고 한참이 지나서야 혼자 나왔어요. 가끔이 아니라 매일, 몇 분 늦는 게 아니라 20~30분씩 늦는 게 걱정스러웠습니다. 선생님께 폐를 끼치는 것 같아 불편하기도 했고요. 알림장을 빨리 쓰도록 집에서 연습을 시켜야겠다 싶었죠.

초등학교 교사로 근무하던 시절 1학년 담임을 했을 때를 떠올리며, 아이가 부담 없이 글씨 쓰기를 연습할 수 있는 양으로 과제를 내줬습니다. 하루 한 장씩, 최소 분량이라 생각해서 정했는데 아들은 그조차 하지 않으려 했답니다.

"엄마는 왜 나를 조종하려고 해?"

어느 날 아들이 내뱉은 말에 무척 당혹스러웠습니다. '조종'이라는 단어는 일상에서는 좀처럼 쓰지 않을 뿐만 아니라 제 의도와는 너무 거리가 멀어서, 처음에는 무슨 말인지 알아듣지도 못했어요. 사춘기도 아니고 이제 초등학교 1학년인데 벌써 이렇게 말을 안 들어서 어쩌나 걱정도 했습니다.

얼마 전 아들과 이 일에 대해 이야기를 나눴습니다. 이제 초등학교 4학년이니 3년도 넘은 일인데 아들은 기억하고 있더라고요.

"그때는 엄마가 원하는 대로 나를 움직이려고 한다는 생각이 들었어. 엄마를 위해서 시키는 것 같았는데, 오해였지."

"지금도 집에서 매일 공부하는 일정이 있잖아. 그걸 엄마가 하라고 하고. 그런데 조종이라는 생각은 안 들어?"

"안 들지. 그건 규칙이잖아. 엄마를 위해서가 아니라 나를 위해서 하는 거고 규칙대로 하는 거니까 조종이 아니지."

제 의도는 아들을 돕기 위함이었지만 아들에게 전해진 메시지는 자신을 바꾸려는 조종이었던 것이지요. 아들은 상의를 거치지 않은 일방적인 지시에 반발했던 것입니다. 규칙을 함께 정하고 규칙을 지시하면서부터는 조종한다는 얘기는 하지 않더라고요.

감정에 휘둘리지 않는 아들 육아의 핵심은 규칙입니다

초등학교 교사로 아이들을 가르칠 때에도 비슷한 경험이 있었습니다. 날씨 때문에 운동장에서 하는 체육 수업을 못 하는 날이 종종 있었어요. 교실 체육으로 대체한다고 하면 아이들은 크게 아쉬워했습니다. 나가서 뛰어놀고 싶은데 교실에 있어야 하니 속이 상할 법도 하죠.

"아 진짜! 또 못 나가!"
"맨날 미세먼지야. 짜증 나게!"
"쌤, 다른 과목은 안 빼먹으면서 왜 체육만 빼먹어요?"

날씨 좋은 다른 날 나가자고 이야기를 해도 이런 식으로 반발하거나 대놓고 공격적인 반응을 보인 아이들이 있었는데요. 성별로 보면 여학생보다는 남학생이 많았습니다. 모든 남학생이 그런 건 아니었고 개인차도 있었지만 대체로 공격적인 성향이나 반발심은 여학생보다는 남학생에게서 두드러졌죠.

남자아이들의 이러한 특성은 성호르몬인 테스토스테론과 관련이 있습니다. 테스토스테론은 위험 감수, 공격성, 충동성에 영향을 주는데요. 남자아이는 여자아이보다 테스토스테론이 10배 이상 많이 분비됩니다. 유대감을 형성하고 정서를 차분하게 안정시키는 옥시토신과 세로토닌은 여자아이에 비해 덜 나오고요. 사춘기에 접어들면 테스토스테론이 무려 1,000배가량 급증한다고 합니다.

과도한 호르몬의 영향으로 유아기에서 유년기, 청소년기로 갈수록 아들의 공격성과 충동성은 커집니다. 아들 키우는 엄마의 고충이 갈수록 커지는 것도 남성 호르몬과 관련된 남자아이들의 특성 때문이죠. 남자아이들의 이러한 특성을 고칠 수는 없지만 그럭저럭 다룰 수 있는 방법이 있습니다. 바로 규칙이에요.

'날씨로 인해 운동장 체육을 하지 못하면 다른 교과로 시간표를 교체하여 운영하고, 그 주에 날씨가 좋은 날에는 우선적으로 운동장 체육을 실시한다. 만약 그 주 내내 미세먼지가 계속되어 나갈 수 없을 경우 교실 체육을 한다.'

학급 회의를 통해 학생들과 정한 규칙이에요. 이렇게 규칙을 정해두니 날씨 때문에 운동장에 못 나가는 날이 생겨도 아이들은 크게 반발하지 않았습니다. 규칙을 세워 규칙대로 하니 감정적이고 공격적으로 부딪히는 일이 줄어들었어요.

규칙은 아들을 키우는 데 있어서 꼭 필요합니다. 아들 육아의 핵심은 규칙이라고 해도 과언이 아닙니다.

"힘들긴 뭐가 힘들어? 하루에 한 장이 뭐가 많아? 다른 애들에 비하면 넌 적게 하는 거야. 징징대지 말고 그냥 좀 해." **(감정으로 통제)**

→ "규칙이야. 규칙을 지켜."

"정 힘들면 못 하지. 대신 30분 미디어 시간도 없어."

(합의된 규칙으로 통제)

규칙이 없으면 아이를 통제하려 할 때 자꾸 감정이 개입됩니다. 정해진 규칙이 없기 때문에 감정으로 설득하려 하죠. 감정 외에 아이의 행동을 바꿀 대안이 없으니까요.

문제는 양육자의 감정이 시시때때로 바뀐다는 점입니다. 기분 좋을 때는 아이에게 친절하게, 차근차근 타이르거나 말하지만 상황이 여의치 않거나 마음이 상할 때는 아이에게 큰소리를 치거나 화를 내고 날 선 말을 던지게 됩니다.

규칙은 합리적이고 일관된 통제 도구입니다. '연산 한 장, 독서 30분, 영어 숙제를 마치면 하루 30분 미디어를 사용할 수 있다'라고 규칙을 세워 두면 감정의 영향 없이 원칙대로 통제할 수 있어요. 감정에 휘둘리지 않고 "힘들면 안 해도 돼. 대신 30분 게임은 못 해"라고 일관성 있게 말할 수 있는 것도 규칙의 힘입니다.

규칙으로 아들을 키우면 엄마 마음대로 한다는 오해도 없고, 내 마음대로 못 한다는 억울함도 없습니다. 규칙만 있으면 비난하거나("왜 이렇게 말을 안 들어?") 사정하는("제발 말 좀 들어") 일 없이 아들을 잘 키울 수 있어요.

"규칙이야."
"규칙을 지켜."
"규칙대로 해."

아들 키우는 부모, 말 안 듣는 아이를 키우는 부모라면 꼭 활용해야 할 필수 문장입니다. 규칙을 잘 세워서 규칙으로 통제하면 감정에 휘둘리지 않고 가정의 질서를 세울 수 있습니다.

누군가 제게 무엇으로 아들을 키우냐고 묻는다면 저는 '규칙'이라고 답할 것입니다. 가정도 하나의 조직이자 공동체입니다. 가정에 규칙이 없다면 아이와 함께하는 일상에서 감정의 영향이 커질 수밖에 없어요. 감정은 시시때때로 변화하며 예측할 수 없습니다. 감정의 출렁거림에 따라 달라지는 상황적 문제를 해결하는 건 지치고 피로한 일입니다. 규칙이 있으면 이성적으로 문제에 접근할 수 있어요. 감정이 아닌 규칙을 중심으로 통제하면 정중함을 잃지 않고 아들을 키울 수 있습니다.

5

먹기 싫으면 먹지 마.
이제 네 밥 안 해.
(협박)

많으면 남겨도 돼.
그런데 간식은 없어.
(규칙 예고)

[7세, 밥을 절반도 안 먹고 그만 먹겠다고 하는 상황]

아들 : 그만 먹을래요.

엄마 : 밥을 이렇게 많이 남겼어? 그건 먹어야 해. 안 먹으면 키 안
　　　커. 다 먹어.

아들 : 시러어. 배부르다고! 왜 나는 엄마가 하라는 대로만 해야 해?

엄마 : 먹기 싫으면 머지 마! 이제 네 밥 안 해. 키 안 커도 난 몰라!

　　　(협박)

[초2·초4, 형제가 다투는 상황]

엄마 : 제발 서로 사이좋게 지내. 엄마 아빠 없으면 이 세상에 너희
　　　 둘뿐이야. (사정)

[중1, 늦은 밤까지 스마트폰을 보는 상황]

엄마 : 씻지도 않고 뭐 하고 있어? 시간이 몇 신데. 스마트폰 그만하
　　　 고 얼른 씻어.

아들 : 회의 아직 안 끝났어요. 제가 알아서 할게요.

엄마 : 알아서 하긴. 영상통화하면서 웃고 떠드는 게 회의니? 그리고
　　　 자야 할 시간에 왜 회의를 해?

아들 : 왜 맨날 화를 내세요?

　　일상 속 사소한 일에 말을 듣지 않는 아들과 종일 입씨름하다 멘
탈이 탈탈 털리는 경험, 엄마라면 한 번쯤 해보았을 거예요. '왜 이
렇게 사사건건 말을 안 들을까' 싶지요. 건성건성 듣고 흘려버리니
여러 번 말하게 되고, 나긋하게 말하면 안 들으니 엄마는 마음이 상
해서 말에 부정적인 감정이 실리고 맙니다. 엄마는 말 안 듣는 아들
을 향해 화를 내고, 아들은 왜 화를 내냐며 쏘아붙이지요. 이러한 악
순환이 반복된다면 협박의 말 대신에 규칙을 미리 정해 두고 규칙을
예고해 보세요.

"많으면 남겨도 돼. 그런데 간식은 없어."

"때리거나 욕하지 않고 말로 하는 게 우리 집 규칙이야. 누가 먼저 규칙을 어겼지?"

"10시 반까지는 불 끄고 자기로 했잖아. 급한 통화가 아닌 이상 규칙을 지켜 줘."

규칙 예고와 협박의 차이: 실행 여부

아이와 논의해 규칙을 미리 정하고 예고하는 게 가장 좋아요. 예를 들어 아이가 밥을 자주 남기고 간식으로 배를 채우려고 하는 일이 잦다면 밥을 다 먹어야 간식을 먹을 수 있다는 걸 규칙으로 정해 두는 것이지요. 만약 밥을 남겼다면 나중에 배고프다고 징징대도 간식을 주면 안 돼요. 규칙이니까요. 밥을 충분히 먹지 않았을 때의 결과를 알고, 결과에 따른 손해와 불편을 경험해 봐야 아이가 밥을 잘 먹으려는 마음을 먹습니다.

협박이 말로 겁을 주는 거라면 예고는 말한 그대로 이행하는 겁니다. 차이는 '실행 여부'예요. 협박은 말뿐이기에 부모의 말에 권위가 실리지 않아요. 예고와 실제 결과가 일치할 때 부모의 지시에 힘을 느끼고 아이도 지시를 잘 따르게 됩니다. 규칙 예고를 했다면 반드시 이행해야 해요. 만약 이행할 수 없다면 예고도 하지 말아야 합니다. 지킬 수 없는 약속은 하지 말아야 규칙에 힘이 생겨요.

규칙 예고와 사정의 차이: 감정 개입 여부

아들에게 말할 땐 '사정'은 하지 말아야 합니다.

"밥을 남기면 엄마 속상해. 잘 먹어야 키가 크지."
"엄마 힘들어. 제발 말 좀 들어."

이런 식의 사정은 아이에게 애걸복걸하는 느낌을 줍니다. 지나치게 감정이 개입되어 있어요. 감정으로 설득하려고 하는 거죠. 예고와 사정의 차이는 '감정 개입 여부'입니다. 사정은 감정을 내세우고 예고는 감정 개입 없이 사실만 전해요. 아들에게는 감정이 개입된 사정이나 협박이 아닌 사실에 기반한 예고와 지시가 필요합니다.

6

학생의 본분은 공부야.
너는 본분을 다하고 있니?
(닫힌 질문)

멀 할 때 제일 즐거워?
(열린 질문)

아이가 어릴 때는 규칙이라고 하면 잘 듣습니다. 하지만 커갈수록 규칙을 그냥 따르려 하지 않아요. 왜 그게 규칙이냐고, 자기가 원하는 거랑 다르다고 응수하죠. 그래서 규칙을 정할 때는 대화가 필요합니다. 규칙을 지키는 건 부모가 아니라 아이니까요. 엄마만의 규칙이 아니라 '함께 정한' 규칙이라는 생각이 들어야 아이는 규칙을 지키려는 마음을 먹어요. 조금 시간이 걸리더라도 아이와 대화를 많이 나누고 서로가 만족할 만한 합의점을 찾아야 합니다. 아이의 의견을 물어보고, 아이의 뜻대로 해줄 수 없다면 그럴 만한 이유를 설명하고, 아이와 부모가 공감하고 동의하는 지점을 규칙으로 정하세요.

[초3, 문제집 풀이 규칙을 대화로 정하는 상황]

엄마 : 독해랑 수학 문제집은 하루에 몇 장씩 할래? 세 장씩 하는 거
　　　어때? 수학은 매일 해야 하고, 독해는 네가 요일을 정해서 해
　　　도 돼. 네 생각은 어때?

아들 : 한 장씩 할게요. 수학은 매일, 독해는 월수금.

엄마 : 한 장은 너무 적은 것 같아. 두 장씩 하면 어때?

아들 : 알겠어요.

엄마 : 그럼 앞으로 매일 두 장씩 푸는 거다. 규칙이니까 잘 지켜.

[중2, 아침에 일어나는 시간에 대한 규칙을 정하는 상황]

엄마 : 아침에 일어나는 게 힘드니?

아들 : 네, 아침에 눈이 안 떠져요.

엄마 : 왜 아침에 일어나는 게 힘들까? 왜 그런다고 생각해?

아들 : ….

엄마 : 엄마 생각에는 네가 너무 늦게 자. 일찍 자야 일찍 일어나는
　　　데, 12시 전에 자는 걸 못 봤어. 맞니?

아들 : 네….

엄마 : 앞으로는 11시 전에 자도록 해. 이건 규칙이야. 규칙을 지켜.

아이와 규칙을 정할 때 이런 방식은 곤란해요. 아이에게 의견을 묻는 듯하지만 사실 엄마의 일방적 대화입니다. 서로 의견을 주고받는 게 아닌 엄마가 정한 규칙을 주입하는 식이지요. 이러한 방식으로는 아들이 자신의 생각과 의견을 말하기 어려워요. 엄마가 자꾸 따지는 것 같아 불편합니다. 올바른 답, 바람직한(엄마 기준의) 답을 말하지 않으면 곧장 틀렸다는 비난을 받을 수 있으니 편하게 대화하기 어렵죠.

부모가 결론을 미리 정해 두고 규칙을 정하려고 하면 아이의 마음 문을 열기 어렵습니다. 부모가 이미 생각을 굳힌 상태이기 때문에 대화가 확장되지 않고, 서로가 동의하는 규칙을 만들 수 없어요.

아들의 마음을 여는 좋은 질문의 조건

① 감정과 욕구에 주목하기

아들과 진솔한 대화를 하기 위해서는 엄마가 원하는 게 있더라도 잠시 유보하고 아들의 목소리를 들어야 합니다. 아들이 어떤 마음인지 궁금해 하고, 아들을 중심에 두고 대화하는 것이지요. 엄마의 생각과 결론은 비워 두고 아들의 욕구와 감정에 주목하세요.

"넌 어떻게 하고 싶어?"

"어느 쪽이 좋아? 어떤 게 좋겠어?"

"네가 뭘 원하는지 궁금해."

"네가 진짜 원하는 건 뭐야?"

"뭘 할 때 제일 만족스러워?"

"3년 뒤 네가 어떤 모습이면 좋겠어?"

이런 질문은 아이의 감정과 욕구를 궁금해 하는 질문입니다. 이렇게 물으면 아이도 마음 편히 답할 수 있어요. 옳고 그름이 없으니 솔직해질 수 있죠. 진실하고 편안한 대화는 마음을 허심탄회하게 나누면서 만들어져요. 많은 경우 욕구는 행동의 출발점입니다. 자신의 감정과 욕구를 제대로 이해받을 때 마음이 활짝 열리고 만족스러운 대화가 가능합니다.

자신의 목소리와 의견이 반영되고 스스로 동의할 때 규칙은 진짜 규칙이 되고, 아이는 규칙을 잘 지키려는 마음을 먹습니다. 무엇이 문제이고, 무엇을 해야 하고, 어떻게 개선해야 할지 생각하고 답을 찾는 주체는 부모가 아닌 아이여야 합니다. 상황을 나아지게 할 수 있는 힘은 아이에게 있어요. 부모의 기준과 생각을 주입하기보다 아이의 감정과 욕구를 궁금해 하는 열린 질문을 하세요. 원하는 걸 이루기 위해서는 할 일을 해내야 한다는 걸 자각하도록 돕는 것이지요. 아이가 알고 있다는 가정 하에 부모가 질문으로 일깨워 주는 겁니다. 부모의 질문은 아이로 하여금 해결의 실마리를 찾게 합니다.

스스로 생각하게 하는 것이지요. 부모의 질문을 통해 이미 알고 있던 걸 한 번 더 생각해 보는 겁니다.

② 긍정적으로 묻기

아이들에게 시험 몇 점 맞고 싶냐고 물으면 10명이면 10명 다 100점 맞고 싶다고 답합니다. 공부는 싫어도 공부를 잘하고 싶어 하는 게 아이들 속마음입니다. 아침에 일어나기 힘들고 더 자고 싶지만 지각하고 싶지 않은 욕구도 있어요. 하지만 자신이 뭘 원하는지 본인이 깨닫지 않고서는 엄마가 아무리 "공부 좀 해.", "게임 좀 그만해.", "아침마다 너 깨우는 게 일이야."라는 식의 지시가 별 소용이 없습니다.

게임을 하고 싶어 하지만 게임만 하는 자신이 마음에 드는 건 아닙니다. 공부를 잘하기 위해서는 할 일도 해야 하죠. 제시간에 등교하기 위해서는 더 자고 싶어도 눈을 뜨고 몸을 일으켜야 하고요. 이걸 깨달을 수 있도록 아이와 대화를 많이 나누어야 합니다.

[긍정적인 대화의 예 ①]

엄마 : 뭘 할 때 제일 즐거워?

아들 : 축구. 친구들이랑 축구할 때요.

엄마 : 축구할 때 제일 즐겁구나. 엄마도 네가 땀 흘리면서 축구하는 거 참 보기 좋아. 그런데 네가 해야 할 일도 소홀히 하지 않았

으면 좋겠어. 학교 갔다가 집에 오면 어떻게 시간을 보내고 싶어?

아들 : 음… 게임도 하고, 공부도 하고, 수학 문제집도 풀고, 책도 읽고. 그렇게 보내면 좋을 거 같아요.

엄마 : 그래? 좋지. 그럼 공부도 하고 게임도 하는 걸로 계획을 짜 볼까? 우선 공부를 어떤 식으로 해볼래? 학원이나 공부방에 다녀도 되고, 네가 원한다면 과외 선생님을 알아볼 수도 있어. 문제집 사서 집에서 푸는 것도 괜찮고. 너는 어떻게 하고 싶어?

아들 : 집에서 할래요. 집에 책 많으니까 책도 읽고, 수학이랑 독해 문제집 풀면서 공부하면 돼요.

엄마 : 그래. 그럼 네가 원하는 문제집이 있으면 알려 줘. 잘 모르겠으면 엄마가 사다 줄까? 아니면 엄마랑 같이 서점에 가 볼까?

[긍정적인 대화의 예 ②]

엄마 : 엄마가 너를 아침에 깨워 주는 게 좋겠니, 아니면 네 스스로 알람을 맞추고 일어나는 게 낫겠니?

아들 : 엄마가 깨워 주는 게 좋죠.

엄마 : 그럼 엄마가 너를 몇 번 깨워 주면 좋겠어? 깨워도 눈도 못 뜰 때가 많으니까, 엄마가 아침마다 너를 채근하게 돼서 마음이 안 좋거든.

아들 : 세 번쯤?

엄마 : 세 번? 그래, 그럼 언제 깨워 줄까? 몇 분 간격이면 좋겠어?

아들 : 7시 20분, 30분, 40분 이렇게?

엄마 : 지각 안 하려면 30분에는 일어나야 할 거 같은데, 네 생각은
어때?

아들 : 맞아요. 그럼 20분, 25분, 30분 이렇게 깨워 주세요.

엄마 : 알았어. 그럼 7시 20분, 25분, 30분, 세 번 깨울게. 이렇게 약
속한 거다. 만약에 세 번 깨웠는데 네가 못 일어나면 어떻게
할까?

이러한 대화는 하나의 예시일 뿐 정답은 아닙니다. 아이가 다르고
부모가 다르기에 규칙을 정하는 대화의 양상은 각자 다를 거예요.
정답은 없으며 부모와 아이에 따라 저마다의 해답이 있습니다. 또
한 번 정한 규칙은 고정적이지 않고 얼마든지 대화로 수정하거나 더
정교하게 만들 수 있어요.

아이가 뭘 원하는지 묻고, 부모도 원하는 바를 솔직히 말하면서
정중하게 대화를 주고받는다면 아이도 부모도 만족하는, 우리 가족
에게 맞는 규칙을 찾을 수 있을 거예요.

7

매일 꾸준히 연산 풀기
(모호한 규칙)

평일에 연산 한 장씩 풀기
(명확한 규칙)

저는 초등학교 4학년인 아들이 하루에 해야 할 일을 다 마치면 게임을 하거나 유튜브를 보는 걸 허용하고 있습니다. 물론 시간제한은 두고요. 아들과 대화를 통해 '일과를 끝낸 다음에는 미디어를 사용할 수 있다'는 걸 규칙으로 정했어요.

아들이 학교에 다녀와 연산, 영어 등의 문제집을 풀고 일과를 마치는 데 보통 한 시간에서 한 시간 반쯤 걸리고, 마치고 나면 미디어를 30분 사용할 수 있어요. 미디어 사용 시간은 그날 다 사용해도 되고 적립했다가 주말에 한꺼번에 써도 됩니다. 또 '정해진 일과를 마친 시간이 밤 9시가 넘으면 미디어 사용 시간은 그날 쓰지 않고 주말에 쓴다'는 규칙도 있습니다.

사실 이러한 규칙이 부모인 제 마음에 쏙 드는 건 아닙니다. 솔직히 저로서는 아들이 게임을 안 하면 좋겠지요. 유튜브도 최대한 덜 봤으면 좋겠고요. 미디어가 자라나는 아이에게 미치는 부정적인 영향을 잘 알고 있기 때문입니다. 게임이나 유튜브, 쇼츠 등의 미디어는 자극적이에요. 특히 뇌가 다 자라지 않은 아이들의 경우 이러한 자극에 더 취약합니다.

아이들은 시각뿐만 아니라 오감을 골고루 써야 신경회로가 정교하게 형성되면서 똑똑해져요. 스마트폰이나 게임의 강렬하고 빠른 자극에 길들여지면 일상의 재미를 느끼기 어렵지요. 그러다 보면 팝콘 브레인popcorn brain, 즉 자극에 튀어 오르는 팝콘처럼 뇌가 변할 수 있기에 아이의 미디어 사용 빈도와 시간은 반드시 관리해 주어야 합니다.

이렇게 미디어가 아이에게 미치는 안 좋은 영향을 잘 알고 있음에도 제가 게임을 일정 시간 할 수 있다는 규칙을 세운 이유는 아들의 주변 친구들, 특히 남자아이들이 게임을 하고 유튜브를 보면서 여가 시간을 보내는 일이 일반적이라는 현실 때문입니다.

물론 아이에게 해로운 것이라면 늘 수 있는 한 통제하고 늦게 시작하는 게 낫습니다. 저도 만약 아들 주변에 게임이나 유튜브, 쇼츠를 보는 친구들이 없었다면 허용하지 않았을 거예요.

규칙을 정할 때는 반드시 보편성을 고려하세요

만약 아이의 친구들이 모두 게임을 하는데, 우리 집은 게임을 아예 못하게 한다면 어떨까요?

'다른 애들은 다 하는데 왜 나만 못 해? 왜 나만 안 된다는 거야?'

이런 식으로 규칙에 대한 거부감이 생겨요. 늘 불만이죠. 갈수록 규칙을 지키지 않으려고 하고, 지킨다고 하더라도 미루고 미루다 억지로 합니다. 집에서 정한 규칙이 밖에서 아이가 경험하는 보편적 현실과 너무 멀다면 실행되기 어렵습니다.

"아이 셋을 명문대 보낸 엄마가 쓴 글을 읽었는데, 아이들이 학원도 안 다니고 어려서부터 책을 정말 많이 읽었대. 너희도 책 좀 읽어. 앞으로 집에 오면 책부터 읽는 거야."

엄마가 육아서에서 읽은 내용, 교육 유튜브 채널에서 보고 들은 내용은 아들에게는 좀처럼 와닿지 않습니다. 자신이 경험하는 세계와 다르기 때문입니다.

규칙을 정할 때는 아들이 경험하고 있는 현실에 대해 직접 이야기를 나눠 봐야 해요. 학교나 학원 분위기, 자주 만나는 친구들처럼 아이를 둘러싼 환경에 대한 정보를 아는 게 중요합니다. 규칙을 정하는 필수 과정이에요.

아이 주변의 보편적 현실에 대한 정보 수집 방법

아이가 겪고 있는 현실에 대한 정보를 수집하는 방법은 다양합니다. 동네 친구 엄마들에게서 정보를 얻거나 관련 도서, 맘카페, 인터넷 검색을 통해서도 알 수 있죠.

다만 저의 경우 이런 방식은 선호하지 않아요. 책과 인터넷 검색, 엄마들과의 교류를 통해 알아본 아이의 현실과 아이가 직접 경험하는 현실은 다를 수 있거든요. 저는 육아서 저자로서 여러 책을 두루 읽고 교육 유튜브 채널도 구독하지만 작가의 개별적 견해로 참고만 합니다.

저는 주로 아이와 이야기를 나누거나 학교 담임 선생님과 소통하면서 아이에 관한 정보를 얻는데요. 아이에게 물어보는 게 가장 확실한 것 같아요. 아이의 세계에 대한 답은 아이가 가지고 있습니다.

다만 아이가 경험하는 보편적 세계의 현실을 그대로 반영해 규칙으로 정하는 건 현명하지 않아요.

"태풍이는 집에서 게임을 무제한으로 한대요. 왜 우리 집은 30분밖에 못 해요?"
"그래? 그럼 너도 무제한으로 풀어 줄게."

아이가 해달라는 대로 다 해주면 아이는 참는 법, 견디는 법을 배우지 못해요. 아이 주변의 여러 요인들을 참고하되 아이와 대화하면서 합리적인 기준을 정해 규칙을 정하는 게 바람직합니다.

"집집마다 규칙이 달라. 태풍이는 엄마가 일하시니까 엄마 올 때까지
혼자 집에 있는데, 혼자서 시간 보내는 게 쉽지 않겠지. 너는 엄마가
늘 집에 있잖아."
"네가 원한다면 규칙을 다시 정할 수 있어. 네가 공부 시간을 늘린다
면 게임 시간을 늘려도 괜찮다는 게 엄마 생각이야. 독서, 연산, 영어
공부를 더 하고 게임도 더 하는 건 어떠니?"

대부분의 아이들은 분별력이 부족합니다. 올바른 행동을 알려 주
고 아이가 어느 정도 몸에 익을 때까지 이끌어 주어야 해요. "그럼
태풍이네 가서 살아. 가서 그 집 아들 해."라는 식의 일방적이고 마
음에 없는 말 대신 충분한 대화가 필요합니다.

규칙은 구체적이고 명료해야 합니다

대화로 규칙을 정했으면 기록해 두어야 합니다. 말로만 하면 잊어
버리거든요. 규칙을 써서 아들의 사인까지 받아두면 좋습니다. 직접
자신의 이름을 쓰면서 아들은 '내가 동의한 나의 규칙'이라는 걸 한
번 더 기억할 수 있습니다. 또 규칙은 까먹지 않게 잘 보이는 곳, 눈

에 띄는 곳에 붙여 두길 권해요. 일부러 안 지키는 게 아니라 몰라서 못 지키는 일이 생길 수 있어요.

규칙을 정리할 때 주의할 점이 있습니다. '매일 조금씩 꾸준히 연산 풀기' 같은 표현은 모호합니다. 이렇게 규칙을 정하면 아이는 한 문제만 풀고 다 했다고 할지도 몰라요. 규칙의 표현 및 정리 방식은 구체적이고 명료해야 합니다.

[규칙 정리의 예]

- 평일에 연산 한 장씩 푼다(휴일은 제외).
- 연산 한 장, 독서 30분, 영어 숙제를 마치면 하루 30분씩 게임을 하거나 유튜브를 볼 수 있다.
- 일과를 마친 시간이 9시가 넘을 경우, 미디어 시간은 주말에 사용한다. 미디어 시간을 적립해 주말에 몰아서 쓸 수 있다.

예외 상황의 경우 분명한 한계를 알려 주고 숫자와 시간으로 명시하세요. 해석의 오해가 없도록 해야 아이도 규칙을 제대로 지킬 수 있고 부모로서도 아이가 지켰는지 확인하는 게 수월합니다.

Quiz2

지금까지 설명한 내용을 퀴즈를 풀면서 확인해 보세요.

---

1. **[초1] 숙제하라고 했더니 "싫어. 귀찮아."라고 하는 아이에게 뭐라고 말하면 좋을까요?**

   ① "어떻게 좋은 것만 하고 살아? 엄마도 밥하기 싫어. 청소하기 귀찮아. 그래도 하잖아. 귀찮아도 해야 하는 게 있어."
   ② "숙제는 규칙이야. 좋든 싫든 해야 해. 엄마는 네 감정을 소중히 여기지만 규칙을 귀찮게 여기는 마음은 받아 주지 않아."

답 ②번

통제의 근거를 규칙에 두고, 규칙을 싫어하는 마음은 받아 주지 않는다고 선을 그으면 아이도 규칙이 감정보다 먼저라는 것을 배울 수 있습니다. ①번은 통제의 근거를 사람에 두고 있습니다. 엄마도 싫은 길 하기 때문에 아이가 싫어도 숙제를 해야 한다는 메시지가 될 수 있습니다.

2. **[7세]** 마트에서 장난감을 사 달라고 떼쓰는 아이에게 뭐라고 말하면 좋을까요?

　① "집에 장난감이 얼마나 많은데 또 사 달래? 집이 장난감 천지야. 안 돼!"
　② "장난감은 3대 기념일에 살 수 있어. 어린이날, 생일, 크리스마스. 오늘은 안 돼."

답 ②번
장난감 사는 날을 정해 두고 규칙으로 통제하면 아이도 수긍할 수 있습니다. 장난감이 많다는 말에는 반박해도 규칙이라는 말에는 수긍을 해요. ①번에서 많음의 기준은 제각각입니다. 부모 눈에는 장난감이 많아 보여도 아이 입장은 다를 수 있어요. 기준이 주관적이기에 "장난감 안 많아. 이건 없어."라고 답하며 실랑이가 이어질 수 있어요.

3. [초2] 귀찮다고 양치를 안 하고 등교하려는 아이에게 뭐라고 말하면 좋을까요?

① "학교 가는데 양치도 안 하고 가는 애가 어딨어? 너 그러면 친구들이 싫어해."
② "양치는 하루 세 번 하는 게 규칙이야. 규칙을 지켜. 얼른 양치하고 가."

답 ②번
통제의 근거는 사람이 아닌 규칙이어야 합니다. 친구들이 싫어하기 때문이 아니라 규칙이기 때문에 양치를 해야 한다는 말에 아이는 더 쉽게 설득이 됩니다. ①번에서 아이를 가르칠 때 다른 사람을 끌어들이는 건 바람직하지 않습니다. 관련 없는 사람을 엮어 감정적 불편함을 주는 건 통제의 좋은 방식이 아닙니다.

Q&A 이런 점이 궁금해요①

아들 문제로 고민하는 부모님들이 가장 많이 해주신 질문을 모아 구성했습니다. 궁금증에 대한 속시원한 해답을 얻어 가셨으면 좋겠습니다.

Q. 우리 애는 규칙을 안 지켜요. 어쩌죠?

아이가 규칙을 지키지 않는다면 대화로 합의된 규칙인지 부모인 내가 세워서 통보한 규칙인지부터 살펴야 합니다. 지시 불이행인 경우도 있지만 엄마가 일방적으로 정한 규칙이라서 아이가 반발하는 경우도 있거든요.

대화로 합의되지 않은 규칙은 일방적입니다. 존중받는다고 느끼지 못하면 아이는 수긍하지 못하고 거부할 수 있어요. 아이가 규칙을 지키지 않는다면 먼저 규칙에 대한 대화가 필요합니다.

만약 대화로 충분해서 정한 조율해서 정한 규칙임에도 지키지 않는다면 그때는 잘 이행할 수 있도록 도와야 합니다. 첫째, 잘 보이는 곳에 규칙을 붙여 놓습니다. 둘째, 규칙에 익숙해지고 적용할 때까지 반복적으로 상기시켜 줍니다. 셋째, 지키지 않으려고 하는 상황이 반복되면 단호하게 지시합니다.

규칙의 목표는 좋은 습관을 만드는 것입니다. 습관을 만드는 건 일단 그 일을 해보는 경험입니다. 어떻게든 한 번이라도 지시를 이행한 경험, 규칙을 지킨 경험을 만들어 주어야 합니다. 규칙을 지킨 경험이 쌓일수록 규칙을 지키는 게 더 쉬워집니다.

Q. 규칙이 많아도 괜찮나요?

학교나 유치원 등에서 단체 생활을 할 때, 급식실에서 밥을 먹을 때, 순서를 지켜 줄을 설 때 등 다양한 상황에서 규칙이 필요합니다. 가족이 함께하는 공간인 가정에서도 당연히 규칙이 필요하지요. 다만 가정에서는 사소한 것까지 규칙으로 정하기보다는 그때그때 상황적 갈등을 대화로 풀어 가는 게 좋습니다. 규칙이 지나치게 많으면 분위기가 경직될 수 있거든요. 따스한 온기가 줄어들죠. 사소한 것까지 규칙으로 정해서 강제성을 두기보다는 꼭 필요한 규칙은 정하되 사소한 문제는 유연하게 대처하는 게 좋습니다.

Q. 아이와 대화로 정한 규칙에 예외를 두어도 되나요?

학교에서 화장실은 쉬는 시간에 가는 게 규칙입니다. 그런데 공부 시간이어도 급하게 가고 싶다면 선생님께 말씀을 드리고 언제든 화장실에 다녀올 수 있죠. 만약 화장실은 오직 쉬는 시간에만 갈 수 있고 다른 때는 절대 못 간다고 규칙을 정하면 아이가 적응하기 어려울 겁니다. 마음이 편하지 않고 학교에 가기 싫어할 수도 있어요.

규칙이라면 뭐든 예외 없이 반드시 지켜야 한다면 집이 군대처럼 느껴지지 않을까요? 다 큰 성인이 아닌 아이이고, 군대가 아니라 가정이기에 가정의 규칙에는 유연성이 꼭 필요합니다.

Q. 규칙에 대한 보상을 해줘도 될까요?

양치, 숙제, 등원처럼 꼭 해야 할 일이라면 보상을 해주지 않는 게 좋습니다. 보상을 주면 초기에 동기부여는 되지만 나중에는 더 큰 보상이 주어지지 않으면 안 하려고 할 수 있거든요. "이거 하면 뭐 해줄 건데요?"라고 엄마를 조종하려 할 수도 있고, 보상이 없으면 아예 안 하는 역효과가 생길 수 있습니다.

마땅히 해야 할 일이라면 되도록 보상을 엮지 않는 게 바람직합니다. 다만 너무 하기 싫어한다면 유인책으로 보상을 활용해 볼 수 있습니다. 원하는 무언가가 보상으로 주어진다면 해볼 마음을 먹을 수 있으니까요.

이때 물질적 보상보다 경험적 보상이 낫습니다. 장난감 사주기나 용돈은 물질적 보상이에요. 수치화할 수 있기 때문에 초반에는 1,000원에서 시작하지만 갈수록 더 큰 걸 바랄 수 있어요. 경험적 보상은 외식 메뉴 선택권, 주말 나들이권 등이 있습니다. 보상은 하지 않는 게 좋지만 보상을 건다면 경험적 만족감을 주는 편이 좋습니다.

Q. 공부에 의욕이 없는 아들과 대화하여 공부를 마치면 게임을 할 수 있다는 규칙을 정했습니다. 그런 후로 아이가 훨씬 빠르게 공부를 끝마치긴 하지만 공부는 당연히 해야 할 일인데 보상으로 길들이는 것 같아 염려스럽기도 합니다. 이렇게 해도 괜찮을까요?

아들이 공부에 대한 의욕이 전혀 없는 상태라면 아들이 하고 싶어 하는 것과 공부를 조합하는 것도 의욕을 일으키는 하나의 방법이 될 수 있어요. 공부는 싫지만 공부를 마치고 게임을 할 때 아이는 재미와 쾌감을 느낍니다. 그게 동기부여가 되어 공부를 먼저 끝마치려는 마음을 먹을 수 있죠. 보상을 통한 도파민의 긍정적인 영향입니다. 보상을 적절히 활용한다면 아이와 실랑이를 덜 하면서 공부 습관을 만들 수 있어요.

그런데 갈수록 더 많이, 더 오래, 더 자극적인 게임을 하려고 할 수 있으니 이 점을 늘 경계해야 합니다. 도파민은 의욕의 원천이지만 지나치면 중독으로 이어질 수 있어요. 이전에 느낀 쾌락에 둔감해져서 더 많이, 더 오래 게임하는 걸 갈망하게 되는 거죠. 공부와 게임을 연결하여 규칙을 정했다면 아들이 공부할 때와 게임할 때 태도가 어떤지 잘 살펴야 해요.

만약 문제는 얼렁뚱땅 대충 풀어서 다 틀리는데 게임은 매우 집중해서 하고 그 정도가 점점 심해진다면 게임과 공부를 연결한 규칙은 아들에게 도움이 되지 않습니다. 싫어하는 걸 억지로 하는 건 효과가 없고, 대충 문제를 푸는 식의 안 좋은 공부 습관이 생기는 부작용도 있어요.

차분히 집중하지 못하고 건성으로 해치우는 건 아이의 성장에도 도움이 되지 않습니다. 하지만 아이가 할 일을 열심히 하고 끝마친 자신에게 주는 휴식으로 게임을 하는 거라면 괜찮아요. 이런 아이에게 게임은 나쁘다며 무조건 제지하면 도리어 공부하고자 하는 동기가 꺾일 수도 있습니다.

　도파민은 적당히 분비되는 게 가장 이상적이에요. 아이의 의욕을 불러일으키는 선에서 게임을 규칙에 활용할 수는 있지만 지나치게 보상과 자극을 추구하지 않도록 관찰과 관리가 필요합니다.

PART3

아들을
존중하는 대화법

1

엄마는 거짓말하는 사람을
제일 싫어해.
(감정으로 통제)

네 마음도 불편했을 거야.
너를 위해서 거짓말을 줄여 봐.
(설명)

[초2, 외출하려는데 귀찮다며 잠옷을 입은 채로 나가려는 상황]

"잠옷 바람으로 지금 어딜 나가? 애가 창피한 줄을 몰라. 얼른 옷 갈아입어."

[초3, 숙제를 다 했다고 거짓말을 자주 한 상황]

"길핏하면 거짓말이야. 빤한 거짓말을 왜 해? 엄마는 거짓말하는 사람 제일 싫어해. 사람이 양심이 있어야지!"

[초5, 책은 안 읽고 게임만 하는 상황]

"아주 게임 중독이야. 게임도 적당히 해야지. 엄마 속 터져. 게임 그 만하고 책 좀 읽어!"

위 사례들의 공통점은 부모의 감정을 통제의 근거로 삼고 있다는 점입니다. 엄마가 창피하니까 옷을 갈아입으라고 하고, 엄마가 싫어 하니까 거짓말하지 말라고 하고, 엄마가 속 터지니까 게임을 그만하 라고 합니다. 아들의 행동과 엄마의 감정을 연결하고 있어요.

부모가 어떤 마음인지 아이에게 표현할 필요는 있습니다. 그런데 감정을 나누는 것과 감정을 통제의 근거로 삼는 것은 다릅니다. 엄 마의 비위를 맞추기 위해 싫어도 해야 한다면 아들은 불만을 품습니 다. 당장은 엄마 말을 따르더라도 마지못해서 하죠.

엄마가 창피해 하니까, 불편해 하니까 어쩔 수 없이 해야 하는 일 이 아니라 자신을 위한 일로 바라보게 해야 합니다. 만약 잠옷을 입 고 외출을 한다면 어떤 일이 생길까요? 숙제를 안 했는데 했다고 거 짓말을 했을 때 뒤따르는 결과는 무엇일까요? 책은 안 읽고 게임만 하면 어떤 일이 일어날까요?

잠옷 바람으로 외출을 했다가 친구를 만나 창피하고 곤란할 수 있 지요. 숙제 안 하고 거짓말을 하는 습관도 당장은 곤란한 상황을 모 면할 수 있어도 결국 선생님에게 혼날 수도 있고, 자꾸 미루다 보면 교과 과정을 따라가지 못할 수도 있어요. 책은 안 읽고 게임만 하는 것도 뇌 발달에 좋지 않죠. 모두 아이 자신에게 안 좋은 결과로 이어 집니다.

행동의 결과를 명확하게 알려 주세요

부모는 아이의 행동으로 이어질 결과를 예상할 수 있지만 아직 경험이 짧은 아이는 자신의 행동이 어떤 결과를 만들지 예측하지 못해요. 부모는 알지만 아이는 알지 못하는 행동의 결과를 알려 줌으로써 아이는 합리적인 행동을 선택할 수 있고 바람직한 행동을 하려는 마음을 먹을 수 있어요.

일방적 지시가 아닌 대화가 필요한 것이지요. 엄마가 싫어하니까 하지 말라는 게 아니라 이런 행동이 왜 잘못된 행동인지, 그로 인해 이런 결과가 따를 수 있다는 걸 말해 주어야 합니다. 행동의 유익 혹은 불이익을 말해 주는 것도 좋습니다. 건강, 성장, 미래에 도움이 되라고 말해 주는 것임을 알려 주는 거지요. 엄마 속상해, 힘들어, 창피해, 싫어해, 속 터져 등 감정을 섞지 말고 "이렇게 하면 너에게 이런 좋은 점이 있어."라는 방식으로 이익과 손해를 설명하는 것입니다.

"잠옷은 집에서 잘 때 입는 거야. 잠옷만 입고 나갔다가 학교 친구들을 만날 수도 있어. 그래도 괜찮아?"

"거짓말을 자주 하면 너에게 안 좋아. 들통날까 봐 조마조마하고 거 짓말이 탄로 나면 창피하잖아. 너를 위해서 거짓말을 줄여 봐."

"머리는 쓰면 쓸수록 좋아져. 지금 네 나이 때는 더욱더 그래. 독서 는 똑똑해지는 지름길이야. 게임을 하지 말라는 게 아니라 책도 읽고 똑똑해지는 시간도 가지라는 거야."

부모가 뭘 하라고 하는 이유는 결국 아이 본인을 위함입니다. 엄 마를 위해서가 아니라 괜히 못 하게 하는 게 아니라 바로 자기 자신 을 위해서 그런 것이며 타당한 이유가 있다는 것을 알려 줘야 해요. 그래서 '엄마가 좋자고 시키는 게 아니라 나에게 좋은 거구나' 하면 서 스스로 납득할 때 아들은 움직여요. '엄마 말대로 하면 나한테 좋 은 거구나'라는 걸 깨달아야 행동을 고치려는 마음을 쉽게 먹고 긍 정적인 동기부여가 됩니다.

2

그만 말해. 눈 감아.
(지시)

지금 자야 성장호르몬이
잘 나와서 키가 쑥쑥 커.
(설명)

[초1, 잠자리에 누운 지 30분이 넘도록 안 자고 말하는 상황]

엄마 : 이제 자. 내일 물어봐.

아들 : 엄마 근데….

엄마 : 엄마 이제 화나려고 해. 그만 말해. 눈 감아! 열 센다. 열 셀 동
안 안 자면 엄마 갈 거야. 너 혼자 자! 너 이제 초등학생이야.
혼자 잘 때도 됐어!

[초1, 도보 5~6분 거리를 택시 타고 가자고 하는 상황]

아들 : 엄마, 택시 타고 가자. 걸어가기 싫어.

엄마 : 안 돼. 가까운데 뭘 택시를 타. 걸어가.

아들 : 지난주에는 택시 탔잖아.

엄마 : 그날은 비 왔잖아.

아들 : 그럼 지지난주에는 비 안 왔는데 왜 택시로 갔어?

엄마 : 그때는 짐이 많았어. 책 물려주려고 챙겨 갔잖아.

아들 : 그럼 수요일에는? 짐 없었잖아!

엄마 : 그때는 밤이었잖아. 그만 따져. 엄마 피곤해. 태권도는 멀어도
　　　잘 걸어 다니면서. 오늘은 먼 거리도 아닌데 왜 그래?

[초2, 학습만화만 읽고 줄글 책은 읽지 않으려는 상황]

엄마 : 학습만화 좀 그만 봐. 만화만 보지 말고 줄글 책도 좀 읽어. 너
　　　자꾸 이러면 학습만화 다 없애 버린다.

"얼른 자."

"걸어가."

"학습만화 그만 봐."

　　모두 명료한 지시입니다. 하지만 아들을 설득하기는 부족합니다.
얼른 자라는 종용, 따지지 말고 걸어가라는 엄포, 학습만화를 다 없

애 버릴 거라는 협박. 모두 왜 하지 말라는지에 대한 설명이 없기 때문이에요.

아이들은 이유가 납득이 되어야 재차 묻지 않고 행동합니다. 왜 10시 이전에 자야 하는지, 왜 택시를 타지 않고 걸어가라고 하는지, 왜 학습만화 대신 줄글 책을 읽으라고 하는지 아이가 잘 이해하도록 설명해야 해요. 충분히 설명하지 않으면 행동하려 하지 않을 뿐 아니라 오해가 생길 수 있습니다. 단계를 뛰어넘어 결론을 지시하기 때문이지요.

어른 기준에서는 당연히 알 법한 것들을 아이는 모릅니다. 이유와 필요성에 대해 자세하게 설명해 줄 필요가 있습니다.

왜 해야 하는지 자세히 설명해 주세요

"밤 10시야. 지금 자야 성장호르몬이 잘 나와서 키가 쑥쑥 커."

"목적지까지 거리가 멀거나, 비가 오거나, 짐이 많으면 택시를 타지만 지금 가는 곳은 거리가 가깝고, 오늘처럼 날씨 좋은 날은 걸어가도 괜찮아. 택시 타면 편하긴 한데 택시비가 들어. 멀지 않고 운동도 되니까 걸어가자."

"학습만화를 읽으면 쉽고 재미있는 데다 간편하게 과학이나 역사에 대해서 배울 수 있어. 그런데 엄마가 줄글 책을 더 읽기를 권하는 이유는 줄글 책이 훨씬 더 다양하고 풍성한 내용의 책이 많고, 줄글을 읽다 보면 머리가 좋아지기 때문이야. 학습만화, 지식 관련 영상으로도 상식을 늘릴 순 있어. 하지만 좀 더 상상력이 풍부해지고 똑똑해지려면 줄글 책을 읽는 게 제일 좋아."

이렇게 말하면 아들은 왜 10시 전에 자야 하는지 명확하게 인지하고 10시 전에 자는 데 협조할 겁니다. 엄마의 조급한 마음도 이해하게 되지요. 그러면 아들은 엄마에게 재차 확인하고 질문하지 않을 겁니다.

설명은 매번 하지 않아도 됩니다. 일상생활에서 무언가를 처음 해 볼 때나 시작할 때 그냥 하라고 하기보다 배경과 이유에 대해 한번 짚어 주는 것으로 충분합니다. 처음에만 왜 해야 하는지 알려 주고 다음부터는 해야 할 일이니까 그냥 하라고 지시하면 됩니다.

"왜요?"

"왜 그래야 해요?"

"안 하면 안 돼요?"

아들에게는 '왜'가 중요합니다. 이유를 납득하면 더 잘 따르려고 하지요. 그래서 친절한 설명은 아이가 부모의 지시를 따르는 동기가 됩니다.

부모의 감정에 따라 들쭉날쭉한 지시를 받으면서, 자신의 감정과 의견은 무시되고 어른의 결정에 따라야 하는 서러움을 느끼면서 어린 시절을 보낸 부모님이라면 지시와 억압 사이에서 혼란스러울 수 있어요. 그런데 지시가 불친절한 게 아니라 설명이 없는 지시가 불친절한 것입니다. 아이가 무언가를 처음 배우거나 시작할 때, 아이가 모르는 게 있을 때 차분히 설명해 준다면 누구나 친절한 부모가 될 수 있어요.

3

매운맛은 속 버려.
순한 맛으로 해.
(지시)

순한 맛이랑 매운맛 중에
뭘로 할래?
(질문)

[초5, 마라탕을 배달 앱으로 주문하는 상황]

엄마 : 네가 먹고 싶어 하니까 엄마가 배달시켜 주는데, 순한 맛으로
　　　시킨다. 매운맛은 자극적이라 좋지 않아.

아들 : 네….

엄마 : 국물은 먹지 말고 남겨. 짜고 매우니까. 건더기만 먹는 거야!

아들 : (입이 툭 나온 채) 다 엄마 마음대로 하세요!

엄마 : 먹고 싶어 해서 기껏 배달시켜 주는데 왜 성질을 부려?

마라탕은 아이에게 너무 자극적일 듯해서 가능한 한 먹이고 싶지 않지만 아이가 꼭 먹고 싶다고 애원하니 순한 맛으로 배달을 시켜 주기로 합니다. 하지만 국물은 먹지 말라는 말에 아이의 표정은 뾰로통해지지요. 해주고도 좋은 소리를 못 들으니 엄마는 엄마대로 속상하고 한숨이 나옵니다.

위 상황에서 엄마의 지시 내용은 다 맞습니다. 소화하는 데 부담이 덜 되도록 순한 맛을 선택하는 게 합리적이며, 건강을 생각하면 국물은 안 먹는 게 바람직합니다. 다 옳은 말임에도 아이는 불만을 내비칩니다. 왜 그럴까요?

매운맛으로 할지 순한 맛으로 할지, 국물을 버릴지 먹을지는 아이 나름의 기호예요. 기호와 취향은 개인의 고유한 영역입니다. 개인의 의사를 존중해 주어야 하지요. 지시가 아닌 대화가 필요한 영역입니다. 자녀의 건강을 생각해서 몸에 덜 해로운 방향이 무엇인지 설명해 줄 수는 있지만 결정까지 한다면 이는 침범입니다. 서로의 경계를 지켜 주지 않고 존중하지 않는 거죠.

부모가 통제해야 할 상황이 있는가 하면, 대화를 해야 할 상황이 있습니다. 언제 지시하고 언제 대화하면 좋을지 부모가 구분할 줄 알아야 해요. 그런데 상황은 복합적이고 무 자르듯 나눌 수 없다 보니 늘 어렵고 헷갈립니다. 그럴 때는 규칙인지, 기호인지를 구분해 보세요.

규칙은 지시, 기호는 대화

규칙은 서로가 꼭 해야 할 일을 약속으로 정한 것입니다. 기호는 각자가 원하는 바, 취향이죠. 규칙은 살아가면서 불편해도 꼭 지켜야 하는 것이기 때문에 딱 잘라 정확히 지시해야 합니다. 하지만 취향은 사람마다 다르며 다양성은 존중받아야 하기에 대화와 조율이 필요합니다.

[질문]

"순한 맛이랑 매운맛, 두 가지가 있어. 뭘로 할래?"

"엄마 생각에 매운맛은 너무 자극적일 것 같아서 순한 맛으로 하는 게 좋을 것 같은데, 넌 어떻게 하고 싶어?"

일상 속 많은 상황에서 지시와 대화가 함께 이루어집니다. 식사 상황을 예로 들어 볼게요. 저와 제 가족의 경우 밥을 먹고 나면 식기를 개수대에 넣는 것이 규칙입니다. 지키지 않았을 때는 "식기는 개수대에 넣어."라고 단호히 지시하죠. 이렇게 식사 후 정리는 지시하지만, 식사 메뉴를 정할 때는 아이들에게 친절하게 물어봅니다. "삼겹살이랑 닭갈비 중에 어느 게 좋아?" "노른자 터뜨려 줄까? 반숙으로 해줄까?" 규칙은 통제하지만 기호에는 선택권을 줍니다.

[규칙은 지시로]

"식기는 개수대에 넣어."

[기호는 질문으로]

"삼겹살이랑 닭갈비 중에 어느 게 좋아?"

"노른자는 터뜨려 줄까? 반숙으로 해줄까?"

공부 상황도 마찬가지입니다. 지시와 대화, 두 가지가 적절히 이루어져야 하죠. 아이가 독서, 수학 문제지 풀기처럼 매일 하기로 약속한 일정이 있잖아요. 매일 정해진 일과의 분량을 채우는 건 규칙이니 단호히 지시하고, 규칙을 지키도록 강하게 밀고 나갑니다. 하지만 책부터 읽을 건지, 연산부터 할 건지 순서는 아이에게 물어보고 대화로 조율할 수 있습니다.

"규칙대로 연산 한 장 풀고 책 읽어." (규칙은 지시)

"책 읽기랑 연산 중에 뭐부터 할래? 어떤 순서가 좋아?" (기호는 질문)

언제 지시하고 언제 대화해야 할지 정확히 구분하는 게 필요해요. 예를 들어 아들이 숙제를 매번 미루고 안 하려고 한다면 지시가 맞아요. 숙제는 꼭 해야 하는 것이니까요. 하지만 아들이 콜라와 사이다를 섞어 마시는 상황이라면 대화가 바람직합니다. 콜라와 사이다를 섞어 먹는 조합도 하나의 기호니까요. 부모의 기호와 다르다고 해서 무조건 잘못된 행동이라고 할 수는 없어요. 틀림은 지시로 교정하지만 다름은 대화로 조율합니다. 대화를 통해 건강에 해롭다는 걸 알려 주면 됩니다.

베테랑 부모는 강약 조절을 잘합니다. 단호하게 지시만으로 밀고 나가지도 않고, 늘 친절하게 대화하지도 않습니다. 규칙에는 단호하지만 감정에는 친절하고 취향 차이에도 관대해요. 아이의 취향을 억지로 바꾸려고 하지 않습니다.

지시할 때는 정중하게, 대화할 상황에는 다정하게, 그때그때 상황에 따라 적절하게 대응하고 조절할 수 있어야 합니다. 여러 상황 속에서 규칙과 기호를 구분하는 연습을 꾸준히 한다면 누구나 강약 조절에 능숙해질 수 있을 거예요.

4

누가 이렇게 먹어.
골고루 먹어야지!
(비난)

맛이 없는 거야?
식감이 싫은 거야?
(질문)

[초4, 고기만 골라 먹고 버섯과 야채를 다 남긴 상황]

"누가 이렇게 먹어? 고기만 쏙 빼 먹으면 어떻게 해? 골고루 먹어야
지. 다 먹어."

[중2, 게임을 두 시간 넘게 하는 상황]

"이제 그만 꺼! 시험 얼마 안 남았는데 공부를 해야지. 너무한 거 아
니야?"

[중3, 수학 시험에서 30점 맞았다가 다음 시험에서 60점으로 오른 상황]

"잘했어. 더 열심히 해서 다음에는 100점 맞아 봐! 넌 할 수 있어!"

세 가지 사례 모두 부모의 기준을 아이에게 일방적으로 주입하고 있습니다. 부모가 원하는 방향으로 대화를 주도하죠. 골고루 먹어야 하고, 게임을 꺼야 하고, 다음 시험에서 받을 점수까지 부모가 정해 줘요.

물론 부모의 기준이 틀린 것은 아닙니다. 음식은 골고루 먹는 게 좋고, 시험이 얼마 남지 않은 상태에서 공부를 하라는 말도 타당합니다. 시험 점수가 오른 아들에게 다음에는 100점 맞으라는 말도 격려하려는 의도에서 나온 말입니다. 아이가 더 잘되기를 바라는 마음이며 내용상 옳아요.

그러나 고기를 좋아하는 것, 게임을 하고 싶어 하는 것, 수학 시험 목표, 모두 아이의 욕구이고 나름의 기호입니다. 지시가 아닌 대화가 적합한 영역이죠. 사람마다 좋아하는 것과 싫어하는 것, 원하는 것과 원치 않는 것 등 개성과 기호, 욕구가 다르니까요. 이럴 때는 아들에게 물어봐야 해요. 아들을 이해하기 위해서는 '답정너 엄마'가 아닌 '질문하는 엄마'가 되어야 합니다.

[초4, 고기만 골라 먹고 버섯과 야채를 다 남긴 상황]

"버섯이랑 야채를 안 먹었네. 맛이 없는 거야, 식감이 싫은 거야?"

[중2, 게임을 두 시간 넘게 하는 상황]

"게임 시작한 지 두 시간 넘은 거 알고 있어? 언제까지 할 계획이야?"

"시험 얼마 안 남았지? 언제부터야?"

[중3, 수학 시험에서 30점 맞았다가 다음 시험에서 60점으로 오른 상황]

엄마 : 점수가 엄청 올랐네. 네 기분은 어때?

아들 : 엄청 좋죠. 되게 뿌듯해요.

엄마 : 다음 시험 목표를 몇 점으로 하면 좋겠어?

아들 : 70점으로 할게요!

엄마 : 좋네! 70점으로 정한 이유는 뭐야?

아들 : 솔직히 지난번 30점 맞은 건 공부를 아예 안 하고 본 거였어요. 이번에 공부를 하니까 확 오른 거고요. 여기서 점수를 더 올리는 건 만만치 않겠다 싶어요. 앞으로 꾸준히 공부해서 10점씩 올리는 걸 목표로 해볼게요.

아이가 어릴 때는 지시 중심, 커 갈수록 대화를 늘리세요

아이가 어릴 때는 부모가 지시로 이끌어 주어야 합니다. 아이는 아직 스스로 현명한 선택과 결정을 하기엔 미숙하니까요. 건강을 생각해서 골고루 먹기보다는 맛있는 것만 먹고 싶어 하는 게 아이들입니다. 공부는 싫고 노는 것만 좋다고 하죠. 따라서 유아기부터 초등 저학년까지는 부모가 지시로 아이를 끌고 가는 게 필요합니다.

하지만 커 갈수록 아이의 의사와 결정을 존중해 줘야 해요. 초등 시기부터는 부모의 일방적인 지시보다 상호적인 대화를 늘려 가야 합니다. 부모로서 좋은 방향을 제시하지만 선택과 결정권은 아이에게 차츰 넘기는 것이지요.

[연령별 지시와 대화의 비중]

아이 인생의 답은 아이 안에 있습니다. 아이에게 물어보고 의견을 듣다 보면 부모가 생각하는 바람직한 답과 아이의 답 사이의 거리를 조금씩 줄일 수 있어요. 둘 사이의 접점을 찾을 수 있지요. 질문과 대화로 한 걸음씩 다가갈 때 어느 한쪽에 치우치지 않고 엄마와 아들 모두가 수긍할 수 있는 답을 찾을 수 있을 겁니다.

물론 아이가 내놓은 답이 객관적인 관점에서 보면 가장 합리적이지는 않을 수 있어요. 예를 들어 게임을 언제까지 할 계획이냐는 질문에 "30분만 더 할게요."라든지 "제가 알아서 할게요."라는 식의 답이 돌아올 수도 있습니다. 때로는 대화의 결론이 부모 마음에 썩 안들 수도 있어요. 음식은 골고루 먹는 게 바람직한데, 대화 결과 버섯을 안 먹는 선택을 받아 줘야 할 수도 있죠. 하지만 아이의 선택이 부모인 내 마음에 안 들어도 억지로 아이가 부모의 바람을 따르게 할 수는 없어요. 훈육으로 아이의 행동을 고칠 영역은 따로 있습니다. 기호 차이는 부모인 내가 견뎌야 할 부분이에요. 부모의 바람대로 행동하는 게 아이에게 이롭다고 해서 억지로 따르게 한다면 그건 조종이고 강요입니다.

대화는 아이를 향한 존중의 표현입니다. 대화를 주고받으며 아이는 존중을 경험합니다. 서로에 대해 잘 알게 되고, 서로 연결될 수 있습니다. 서로를 이해하는 방향으로 한 걸음 다가갈 수 있어요. '애가 뭘 안다고. 내 말이 맞아'라며 부모의 기준을 강요하거나 지시만으로는 얻을 수 없는 결과죠.

아들과 대화하는 이유는 부모의 기준이 없어서가 아닌 아들을 존중하고 사랑하기 때문입니다. '몰라서' 묻는 게 아니라 '사랑하니까' 묻는 것이지요. 질문은 '엄마가 너를 존중하고 싶어. 너를 알아 가고 이해하고 싶어'라는 마음의 표현입니다.

5

무슨 현질이야.
게임에 돈까지 써서 되겠어?
(금지)

왜 그게 사고 싶은지
이유가 궁금해.
(질문)

[초2, 생일 선물로 게임 아이템을 사 달라고 하는 상황]

아들 : 엄마, 생일 선물로 게임 아이템 사 주세요.

엄마 : 게임 아이템을 사겠다고? 생일 선물로 받고 싶을 만큼 간절한

거야? 뭘 사고 싶은지, 왜 갖고 싶은지 궁금하네. 자세히 얘기

해 봐.

아들 : 로벅스 1700이요. 로블록스 게임에서 그게 있으면 레벨업이

돼요. 무료 아이템만 쓰니까 이기기 어려워요.

저는 지금까지 게임을 해본 적이 없답니다. 게임에 관심조차 없어요. 그런 엄마에게 게임만으로도 모자라 '현질'(게임 아이템이나 재화 등을 돈 주고 사는 것)까지 요구하는 아들 녀석을 이해하기란 쉽지 않았습니다. 속마음은 초등학생이 무슨 현질이냐고, 게임에 돈까지 써서 되겠냐고 나무라고 싶었죠. 현질의 '현'자도 못 꺼내도록 안 된다고 못 박고 싶었지만 그렇게 하지는 않았어요. 엄마가 좋아하는 것과 아들이 좋아하는 게 다를 수 있으니까요. 아들이 좋아하는 게 엄마인 제게 탐탁지 않다고 해서 덮어놓고 안 된다고 할 수는 없었습니다. 또 엄밀히 말하면 제가 안 해주고 싶은 건 현질이지, 아들의 흥미와 관심사까지 거부하는 건 아니었으니까요.

아들의 이야기를 들어 보니 제 짐작과는 달랐습니다. '겜알못' 엄마인 제게 현질은 막연히 옛날 싸이월드 도토리 같은 이미지였거든요. 하지만 실제 현질은 단순히 캐릭터를 꾸미는 것만이 아닌, 캐릭터가 강해져서 게임을 더 잘하게 만드는 그런 것이었죠. 즉, 현질은 게임을 더 재미있고 잘하기 위해 쓰는 돈인 셈이지요.

다만 이미 게임의 재미를 충분히 느끼는 아이에게 더 자극적인 재미를 주는 현질이라…. 참 어렵더라고요. 아이의 욕구와 엄마의 관점이 완전히 상충하니까요.

당시 초등학교 2학년인 아들에게 게임 아이템을 사 주는 것은 이르다는 생각부터 들었습니다. 한번 하게 해주면 끝이 없을 것 같다는 걱정도 들었어요. 현질은 안 된다고 선물로 다른 걸 고르라고 하니 아들은 다른 건 갖고 싶지 않다, 장난감도 이제 다 싫다고 했어요. 이때는 어찌어찌 대화로 설명하고 조율해서 다른 선물을 골랐는데요. 나중에 크리스마스 때 또 유료 게임 아이템을 원하길래 그때는 들어주었습니다.

지시가 아닌 대화로 유연하게 대처하세요

게임 아이템을 사고 싶다는 아들을 매번 말리긴 어렵습니다. 너무 막으면 도리어 간절함을 키울 수도 있고요. 학년이 올라가고 주변에 현질하는 친구들이 많아진다면 마냥 막을 수만은 없겠지요.

제 아들의 경우 직접 현질을 해보고 나서는 사실상 별게 없고 부질없음을 깨달았는지 또 조르지 않더라고요. 처음에만 반짝 해보고 시들해지면 안 하는 아이도 있고요. 그러니 무조건 못 하게만 하면 갈증만 부추기게 될지도 모릅니다.

이런 경우에 대화로 유연하게 대처해 나가는 게 최선인 것 같아요. 저 역시 아들이 커감에 따라 대처가 달라질 것이며 집집마다 아이의 연령과 상황에 따라 해답은 다를 것입니다. 가령 아이가 자기 용돈으로 현질하겠다고 한다면, 아이가 중고등학생이라면 해법은 또 달라야 하겠지요.

분명한 것은 일방적 지시가 아닌 아이와 대화로 해법을 찾아가야 한다는 점입니다. 대화의 지혜가 필요한 영역이에요. 현질을 해달라는 아이에게 무조건 안 된다고 하는 것도, 덮어놓고 아이 말을 들어 주는 것도 바람직하지 않습니다. 하지만 물어볼 수는 있어요. 아들이 바라는 걸 다 해줄 수는 없지만 왜 원하는지 이유를 궁금해 하는 건 언제나 가능합니다.

"요즘 자주 하는 게임은 뭐야? 어떤 특징이 있어? 그 게임이 왜 좋은 거야?"

"왜 현질을 하고 싶은 거야?"

"네가 원하는 아이템을 사는 데 3만 원이 들어. 3만 원으로 할 수 있는 다른 일은 없을까? 뭘 살 수 있을 거 같아?"

"생일 선물로 5만 원 범위에서 네가 원하는 걸 살 수 있어. 네가 전에 학습만화 세트 갖고 싶다고 했잖아. 게임 아이템을 사면 학습만화 세트는 돈이 부족해서 살 수 없어. 괜찮아? 네 생각은 어때?"

한편 돈의 가치에 대해서도 이야기를 나눠야 하고, 현재가 최우선인 아이들에게 미래에 대해서도 말해 주어야 합니다. 또 결제를 해주고 어땠는지를 물어보는 것도 필요해요. 적절한 가치가 있는지 얘기를 나눠 보는 거죠.

무턱대고 게임이나 현질을 못 하게 하기보다 아들이 좋아하는 세계에 대해 알아 가야 해요. 서로 만족할 만한 협상이 되려면 끊임없는 대화가 필요합니다. 아이가 좋아하는 게임에 대해 물어보세요. 게임의 특성이나 플레이 방식, 특히 재미있어 하는 부분이 무엇인지 알면 게임 시간 조절에도 도움을 줄 수 있어요.

부모의 생각을 들려주고 아이의 생각을 들어 보는 것이 현질을 하고 안 하고보다 더 중요합니다. 협상은 민주적인 소통입니다. 나에게만 가장 좋은 결과가 아닌 서로에게 가장 좋은 결과를 찾는 과정이죠. 협상을 통해 아이는 자신의 뜻을 관철시키는 동시에 부모의 바람도 존중하는 법을 배울 수 있습니다. 게임이든 현질이든 대화로 타협해 나가며 최선의 답을 찾는 과정을 경험한 아이들은 결코 중독으로 진행되지 않습니다.

6

앞아 봐. 얘기 좀 하자.
(부담스러운 제안)

좋아하는 게임이 뭐야?
(관심사 질문)

어느 주말, 집에 있기엔 아까운 날씨라 아들에게 나들이를 가자고 했습니다. 동백꽃 구경을 가자, 올레길을 걷자, 바다 구경하며 해변 한 바퀴 돌고 오자고 제안해 봤지만 아들은 모두 퇴짜를 놓았죠. 결국은 그냥 가족끼리 외식만 하고 오기로 했습니다.

식당에 가서 메뉴 정하는 데만 10분이 넘게 걸렸고 음식이 나오기까지 네 식구 사이의 별별 수다가 이어졌습니다. 메뉴 이야기로 시작해서 아들이 좋아하는 마블 이야기를 잠깐 했다가 딸이 좋아하는 연예인 이야기가 이어지다가 남편의 웃기는 얘기로, 다양하게 대

화의 소재가 옮겨 갔습니다. 너무 재밌어서 이야기하는 내내 깔깔대
며 웃었어요.

집에 돌아와 생각해 보니 정말 별스럽지 않은 이야기였습니다. 넷
이 주고받은 건 거의 잡담과 농담이었어요. 물론 잡담 사이사이에
궁금했던 아이들 학교생활에 대해서도 들을 수 있었고 진로 이야기
도 나왔지만 대부분 해도 되고 안 해도 그만인 말, 굳이 할 필요성을
찾자면 딱히 없는 그런 말들이었죠.

문득 가정에서 이렇게 사소하고 쓸데없는 시간이 꼭 필요하다는
생각이 들었습니다. 특히 부모와 자녀 사이에서는 더욱 중요해요. 쓸
모 있는 말은 쓸데없는 말을 쌓지 않고는 좀처럼 나오지 않으니까요.

농담과 잡담, 수다가 일상인 집에서라면 아이는 학교에서 마주하
는 어려움, 친구 관계, 자신의 고민도 털어놓을 수 있을 겁니다. 일
부러 캐묻지 않아도 오가는 대화 속에서 자연스럽게 말하지 않을까
요? 굳이 질문하지 않아도 내 아이가 누구랑 친한지, 어떤 어려움이
있는지 알 수 있을 거예요.

화목한 가정을 만드는 자원은 대화입니다

대화 없이는 유대감도 친밀감도 만들어지기 어렵습니다. 긴 시간
같은 공간에서 함께 생활해도 대화가 없이는 친해지고 편해지는 데

한계가 있어요.

부모가 아이에게 꼭 필요한 말만 한다면 아이가 경험하는 대화의 양이 절대적으로 적을 수밖에 없어요. 꼭 필요한 말만 남기고 다 지운다면 결국 지시만 남지 않을까요? 부모와 아이 사이에 목적 없이 나누는 쓸데없는 잡담이야말로 관계를 발전시키고 풍성하게 만드는 쓸모 있는 말입니다.

잡담과 농담은 몸과 마음을 편안하게 해줍니다. 심리적 거리를 좁히는 대화, 유대감과 친밀감을 쌓는 대화는 쓸데없는 말을 주고받는 데서 시작하지요. 용건 없는 말, 농담, 쓸데없는 얘기는 결코 쓸데없지 않아요.

그런데 막상 아이와 대화하려고 보면 '네, 아니요, 몰라요' 같은 단답형 답이 돌아오니 말문이 막히고 말을 이어 가기 어렵다는 부모님들이 꽤 많아요. 그럴 때는 다음 두 가지를 꾸준히 실천해 보세요. 첫째, 편안한 대화 환경을 만드는 것, 둘째, 아들의 관심사를 묻는 것입니다.

① 대화에 앞서 대화 환경 만들기

대화 보다 대화 환경이 먼저입니다. 갑자기 아이 방에 들어와서 "앉아 봐. 얘기 좀 하자."라고 하면 어떤 아이든 부담스러울 겁니다. 이런 환경에서는 쉽게 속마음을 털어놓기가 어렵습니다. 부모는 아이의 얘기를 듣고 싶어서 묻는 것이지만 자기 이야기라는 게 곧장 나오지 않아요. 어색한 기류만 흐르죠. 편안하게 말할 수 있는 분위기가 되어야 아이도 얘기를 할 수 있습니다. 편안한 대화 환경을 위해 다음과 같은 활동을 시도해 보세요.

좋아하는 걸 함께하기

뭘 물어보고 말하려고 하기보다 아이와 좋아하는 걸 함께 해보세요. 자연스럽게 이야깃거리도 풍부해지고 대화 환경이 만들어질 겁니다. 아이와 함께 보드게임을 하거나 영화를 보거나 같이 산책하는 등 가벼운 활동을 추천해요.

대화 루틴 만들기

대화 시간을 정해 두는 것도 좋습니다. 대화 루틴을 만드는 것이지요. 숙제, 양치처럼 좋은 습관을 위해 꼭 해야 하는 규칙만큼이나 좋은 관계를 위한 대화 규칙도 필요합니다.

저희 집의 경우 2주에 한 번 금요일 밤에 온 가족이 함께 영화를 보는 루틴이 있어요. 평소 취침 시간은 9시 반으로 하고 규칙을 지키지만 이날만은 예외예요. 늦은 취침도 허용되고 야식을 시켜 먹을 수 있어서 아이들이 무척이나 기다려요.

아이들과 함께 야식 메뉴를 정하고, 다 같이 볼 만한 영화를 정하면서 자연스럽게 대화를 할 수 있어요. 또 영화를 보고 나면 영화 이야기가 또 다른 대화의 소재가 됩니다. 영화 보기 루틴이지만 영화만 보고 끝나지 않고 대화로 이어지니 대화 루틴이기도 한 셈이지요.

아이들과 함께 티타임 갖기

손님 오실 때 주로 쓰는 찻잔, 테이블웨어를 아이들을 위해서도 꺼내어 써 보세요. 대접받는 느낌을 받으면 마음이 쉽게 열리거든요. 이런저런 이야기를 편안하게 나눌 수 있어요. 티타임, 간식 타임 같은 대화 루틴을 정해 두면 자연스럽게 가정 내 대화 문화가 형성될 수 있을 것입니다.

② 내 관심이 아닌 아들의 관심사 공략하기

엄마의 관심이 아닌 아들의 관심사로 대화를 하는 게 좋아요. 아들이 좋아하는 것, 아들이 잘 아는 것을 주제로 이야기하는 거죠.

"제일 좋아하는 축구 선수는 누구야? 그 선수는 어느 구단 소속이야? 포지션은?"
"좋아하는 아이돌은 누구야? 어떤 노래 좋아해?"
"요즘 즐겨보는 웹툰 있어? 어떤 내용이야?"
"무슨 게임해? 게임 룰은 뭐야?"

부모의 관심사는 공부, 성적, 친구, 선생님이지만 아이에게는 흥미롭지 않아요. 단답형으로 답을 할 뿐 대화가 오래도록 이어지기 어렵죠. 아이가 관심 있어 하는 걸 물어본다면 대화의 물꼬를 트고 편안하게 이야기를 이어 나갈 수 있을 겁니다. 자신이 흥미로워 하는 대상을 부모와 함께 나누면서 아이는 마음의 문을 열어요.

나와는 성별도, 나이도 한참 다른 아들과 즐겁게 대화를 나누는 건 저절로 되지 않습니다. 시간과 정성을 쏟아야 해요. 엄마가 말을 많이 하고 아들은 듣고만 있는 건 도움이 되지 않아요. 늘려야 하는 건 대화하며 느끼는 기쁨과 편안함입니다. 대화 루틴을 만들고 아들의 관심사에 주목한다면 대화의 즐거움과 편안함도 늘어날 것입니다.

Quiz3

지금까지 설명한 내용을 퀴즈를 풀면서 확인해 보세요.

1. [초1] "생파하는 날, 친구들 자고 가도 돼요? 파자마 파티 하면 안 돼요?"라고 말합니다. 생일에 친구들과 집에서 자고 싶어 하는 아이에게 어떻게 말해야 할까요? 이건 규칙일까요, 기호일까요?

① "무슨 파자마 파티야? 몇 시간 놀면 그걸로 충분해. 안 돼." (지시)
② "파자마 파티까지 하려면 친구를 많이는 못 불러. 3~4명만 초대하는 건 어때?" (대화)

답 ②번
생일 파티를 하는 날, 파자마 파티까지 하고 싶어 하는 건 아이의 욕구이고 기호입니다. 지시보다 대화가 바람직합니다.

2. **[초2]** "숙제하기 싫어. 숙제 안 할래!" 숙제를 안 하겠다고 하는데 숙제는 규칙일까요, 기호일까요?

① "해야 돼." (지시)
② "숙제하기 싫어? 숙제 안 하고 싶어?" (대화)

답 ①번

숙제는 아이가 꼭 해야 할 규칙이므로 지시가 적절합니다.

3. [7세] "동생은 좋겠다. 나도 업히고 싶어. 나도 업어 줘!" 어린 동생이 부러워 업히고 싶다고 말하는 아이에게 어떻게 말하면 좋을까요?

① "부러울 것도 많다. 네가 동생만 할 때 항상 업고 있었어. 엄마가 안 해준 게 아니야. 네가 기억을 못 하는 거지, 너도 똑같이 다 해 줬어. 부러워하지 마." (지시)

② "너도 업히고 싶어? 근데 지금은 동생 재우고 있어서 안 되고, 동생이 자면 내려놓고 업어 줄게. 조금만 기다려 줄 수 있어?" (대화)

답 ②번
아이가 동생에게 부러운 감정을 느끼고 있습니다. 감정은 옳고 그름이 없으니 다 다르게 느낄 수 있어요. 부러워하지 말라고 아이 감정을 정해 준다면 이는 과잉 통제입니다. 이런 상황에서는 인정과 공감, 대화가 필요합니다.

4. **[초1]** 아이가 콜라와 요구르트를 섞어 마십니다. 이것은 규칙일까요, 기호일까요? 어떻게 대처하면 좋을까요?

① "그걸 왜 섞어? 섞지 마. 따로 먹어." (지시)
② "맛있어? 탄산이랑 요구르트랑 섞어 먹는 건 몸에 안 좋아. 맛있어도 너에게 해로울 수 있어." (대화)

답 ②번
콜라와 요구르트를 섞는 것이 보편적인 행동은 아니지만 취향과 기호의 하나입니다. 무조건 못 하게 막기보다는 대화로 조율하는 게 바람직합니다.

5. **[초2] 평소에는 밥을 잘 먹는 아이인데 가끔 저녁을 먹다 갑자기 방으로 가서 책을 읽습니다. 이럴 때 어떻게 말해야 할까요?**

　① "갑자기 뭐 하는 거야? 한 가지나 제대로 해. 책 내려놔. 와서 밥 먹어."
　② "밥 먹다 말고 왜 책을 읽으러 간 거야?"

답 ②번

밥 먹는 도중에 책을 읽으러 가는 건 잘못된 행동이며 통제가 필요합니다. 그러나 평소에는 밥을 잘 먹다가 어쩌다 한번 이런 일이 있는 상황이라면 대화가 필요합니다. 아이가 그런 행동을 한 이유를 물어본다면 아이의 의도를 이해할 수 있습니다. 아이가 이해되고 왜 그랬는지 알게 되면 비난하지 않고 옳은 행동을 가르쳐 주기 쉬워져요. 이때는 지시가 아닌 대화가 필요합니다.

엄마 : 밥 먹다 말고 왜 책을 읽으러 간 거야?
아이 : 궁금해서요. 읽다 만 책인데 이어질 내용이 너무 궁금해요.
엄마 : 궁금한 건 알겠어. 그런데 밥 먹는 거랑 책 읽는 것의 순서를 정한다면 뭐가 먼저일까?
아이 : 아, 네. 그럼 밥부터 먹고 읽을게요.

6. **[5세]** 아들이 보는 앞에서 부부가 언성을 높이며 싸웠습니다. 이후 화해를 했는데 아이가 "엄마, 아빠랑 싸웠어? 왜?" 하고 묻습니다. 어떻게 말해 줘야 할까요?

① 이미 화해했으므로 아들에게 딱히 설명할 필요가 없다.
② "싸운 거 아니야. 엄마 아빠가 서로 얼마나 사랑하는데."
③ "어른들 일이야. 넌 알 거 없어."
④ "엄마 아빠가 말다툼을 했어. 명절을 어떻게 보낼지 생각이 서로 다르다 보니 큰소리가 오갔어. 엄마 아빠가 서로 의견이 안 맞아서 그런 거지, 너 때문에 싸운 건 아니야. 지금은 잘 풀었어."

답 ④번
②번은 싸운 걸 부정하고, ③번은 아들에게 알 필요가 없다고 합니다. 부부가 다투는 모습을 아이가 봤다면 아이에게 설명을 해주는 게 좋습니다. 부모가 다투는 걸 자신의 탓이라 여기고 괴로워할 수도 있거든요. 또 부모가 싸우고 화해하지 못할까 봐 불안해 하기도 합니다.
아이 앞에서는 싸우지 않아야겠지만 설령 다투는 모습을 보였더라도 아이에게 돌이킬 수 없는 상처가 되는 건 아닙니다. 다툰 이유에 대해 말해 주고 화해했음을 설명해 주는 것만으로도 아이는 심리적 안정을 찾을 수 있습니다.

7. [초3] 상상의 나래를 펼치며 자신의 상상 속 새 이야기를 바쁜 엄마에게 늘어놓는 아이, 어떻게 반응해 줘야 할까요?

① "그런 새는 없어. 쓸데없는 얘기 좀 그만해. 엄마는 할 일이 많아. 너도 네 할 일을 좀 해. 책 좀 읽어."
② "그 새는 어떻게 생겼어? 사는 곳은 어디야? 혹시 가족은 있어?"

답 ②번
쓸데없는 말이라고 여기며 상상 속 이야기들을 못 하게 한다면 아이와 나누는 대화의 양과 시간이 줄어들 수밖에 없습니다. 아이가 하는 말이 엉뚱하거나 당장은 효용이 없을지라도 관심 있게 들어 주고 물어봐 주면 대화가 확장될 수 있어요.

아들 문제로 고민하는 부모님들이 가장 많이 해주신 질문을 모아 구성했습니다. 궁금증에 대한 속시원한 해답을 얻어 가셨으면 좋겠습니다.

Q. 아이가 밥을 너무 적게 먹습니다. 기본적으로 먹는 걸 즐기지 않는 편이거든요. 이것도 아이의 기호이니 지시가 아닌 대화가 좋을까요?

성인에게 식사량은 기호가 맞지만 어린아이라면 식사량을 기호로 다 인정해 줄 수는 없습니다. 식습관은 아이의 성장과 발육에 큰 영향을 미치니까요. 부모가 통제하지 않는다면 아이는 단것, 과자, 젤리로 배를 채우려고 할 수도 있어요. 좋은 식습관 형성을 위해서는 규칙과 지시가 필요해요. 하지만 마냥 규칙대로 밀어붙일 수만은 없죠. 싫은 걸 억지로 먹는 것도 아이에게 고역이니까요.

규칙과 기호, 두 가지를 적절히 고려해야 합니다. 어느 정도 큰 틀은 규칙으로 정하되 그때그때 상황과 아이의 컨디션을 살펴보고 대처하는 게 좋습니다. 예를 들어 '밥을 다 먹고 나서 간식을 먹을 수 있다'를 규칙으로 세우고, 아이가 컨디션이 나빠 입맛이 없을 때는 간식도 허락해 주는 거죠. 규칙을 정하되 상황에 따라 유연하게 조정하는 것이 적절합니다.

Q. 아이가 어리면 대화가 어렵지 않나요? 유아기, 초등 시기 등 시기에 따라 지시와 대화를 어떻게 해야 적절할까요?

서너 살 유아와 욕구, 감정, 생각을 주고받는 대화를 하기란 쉽지 않아요. 유아는 가지고 있는 생각의 재료, 표현의 재료가 적으니까요. 유아기에는 대화하는 데 한계가 있고 그래서 지시의 비중을 더 크게 둘 수밖에 없습니다. 또 이 시기 아이들은 대체로 합리적인 판단력이 부족합니다.

아이의 성장 속도에 맞게 권한을 주어야지, 너무 많은 권한을 주는 건 도움이 되지 않습니다. 유아기에는 부모가 삶의 지혜를 알려 주고 옳은 행동을 하도록 이끄는 게 맞습니다. 또 유아기는 기본 생활 습관을 형성하기 좋은 황금기이기도 합니다. 아이가 어릴 때는 지시 중심으로, 대화는 제한적으로 하다가 커 갈수록 지시 중심에서 대화의 비중을 넓혀 가는 방향을 권해요.

Q. 사춘기 아들과 사사건건 부딪칩니다. 말 잘 듣던 아들이 말만 하면 알아서 한다는 식의 반응을 보이니 난감해요. 지금 이라도 대화를 시작하면 나아질까요?

아들이 어릴 때는 지시를 하면 잘 따르고 습관 형성에도 그게 좋습니다. 하지만 자랄수록 아들의 생각과 의견을 물어보는 연습이 꼭 필요합니다. 아이의 자율성과 독립심을 인정해 주어야 해요. 아이가 학령기에 접어들면 지시를 조금씩 줄이고 아이의 의사를 물어보는 융통성 있는 의사소통 방식을 차츰 늘려 보세요.

사춘기에 접어들면 행동을 즉각적으로 교정하려고 하기보다 행동에 대한 아이의 의견, 의도, 생각, 감정, 욕구를 물어보는 대화를 권합니다. 의사결정의 권한을 차츰 넘겨 주는 것이지요.

아무리 합리적인 내용이라도 일방적으로 지시하면 아들은 입을 다물게 됩니다. "제가 알아서 해요.", "이래라저래라 하지 마세요."라는 반응을 보이죠. 무조건 엄마 아빠의 말에 수긍하지 않아요. 하지만 이는 반항이 아닌 의존에서 독립으로 가는 반응이자 자연스러운 성장의 과정입니다. 부모보다는 또래의 세상이 중요하고, 부모의 기준보다는 또래끼리 공유

하는 관심사에 더 몰두하는 시기입니다. 가족 여행보다는 친구들과의 온라인 게임이 좋은 때죠.

대화를 통해 아들의 세계를 이해하다 보면 아들의 마음을 헤아릴 수 있고 닫았던 마음의 빗장도 열릴 겁니다.

실천편

아들의 세계를 이해하고 넓혀 주는 엄마의 말

앞서 이론편에서 아들 육아의 핵심인 지시, 규칙, 대화에 대해 자세히 알아보았는데요. 방법을 아는 것보다 중요한 건 상황이 닥쳤을 때 실제로 적용하는 것입니다. 실제 생활에서 곧장 꺼내어 쓰려면 몸에 익히는 연습이 꼭 필요합니다. 그래서 실천편에서는 일상에서 빈번하게 마주하는 상황에서의 적절한 지시, 규칙, 대화를 연습해 보도록 하겠습니다.

1장 '칭찬의 말 연습'에서는 허세 부리는 아들, 인정받고 싶은 아들에게 해줄 수 있는 구체적인 칭찬의 말에 대해 알아봅니다. 아들이 할 일을 미룰 때처럼 칭찬이 어려운 상황에서 어떻게 긍정적으로 상호작용할 수 있는지 살펴볼 거예요.

2장 '감정 조절 말 연습'에서는 남 탓을 하고, 불평을 늘어놓고, 짜증을 부리는 등 감정 조절을 어려워하는 아들과 긍정적으로 상호작용하며 감정 조절을 가르치는 방법에 대해 알아봅니다. 아이들은 부모가 자신을 어떤 방식과 태도와 목소리로 대하는지를 매우 중요하게 생각합니다. 아이에게 따뜻한 말을 자주 건네고, 칭찬을 아끼지 않는 등 긍정적인 상호작용을 많이 하면 아이는 엄마 아빠가 내 편이라고 여기고, 엄마의 말이 자신에게 도움이 된다고 받아들여요. 칭찬의 말 연습과 감정 조절의 말 연습을 꾸준히 한다면 신뢰와 사랑으로 아이와 단단하게 연결될 수 있을 것입니다.

3장 '게임 상황 말 연습'에서는 게임 시간을 어기는 아들에게 감정에 휘둘리지 않고 말하는 걸 연습해 봅니다. 게임 때문에 발생한 갈등 상황에서 적절한 말 연습을 꾸준히 한다면 아들 스스로 게임 시간을 지키고 올바른 미디어 습관을 들이는 날이 가까워질 것입니다.

4장 '갈등 상황 말 연습'에서는 툭하면 다투는 형제에게, 또 친구와 다투고 온 아들에게 어떻게 말하고 중재해야 할지 살펴봅니다.

5장 '일상생활 말 연습'에서는 책을 안 읽고, 숙제를 미루고, 물건을 잃어버리는 등 아들 키우는 엄마라면 한 번쯤 마주했을 일상의 상황에서 적절한 지시와 대화법을 연습해 봅니다.

아들을 키우며 마주하게 되는 여러 상황 속 말 연습을 통해 지시와 규칙, 대화법을 익힌다면 이 책에 제시된 엄마의 말을 여러분의 말로 만들 수 있습니다. 그럼 이제부터 칭찬, 감정 조절, 게임 상황, 갈등 상황, 일상생활에서 지시와 대화 상황을 구분하고, 어떻게 말하면 좋을지에 대해 연습해 보도록 하겠습니다.

PART1

칭찬의 말 연습

1

칭찬받고 싶어 하는 아들에게
"엄마 바빠."라는 무관심 대신

[5세, 레고 조립을 하다 엄마를 부르는 상황]

아들 : 엄마, 여기 와서 이거 봐 봐.

[초4, 배드민턴을 치다가 엄마를 부르는 상황]

아들 : 엄마, 나 하는 거 좀 봐.

[중3, 오랜만에 방 정리를 하고 엄마를 부르는 상황]

아들 : 엄마, 방 정리했어요. 와서 보세요.

아이들은 엄마를 쉴 새 없이 불러 댑니다. 군이 안 불러도 될 법한 상황에서도 빨리 오라고 재촉하죠. 이때는 하던 일을 잠시 멈추고 가 보는 게 좋아요. 안 그러면 또 부를 테니까요. 가서 그냥 보기만 하지 말고 '칭찬의 말'을 해주세요.

"근사한 자동차네. 멋지다! 잘 됐다가 아빠 오시면 보여 드리자."
"와, 배운 지 얼마 되지도 않았는데 잘 치네. 우리 OO는 못 하는 게 없어!"
"말끔하게 정리했네. 꼭 모델하우스 같아. 매일 여기서 커피 마시고 싶을 정도로 예쁘네."

"엄마, 나 좀 봐 봐."는 "칭찬해 줘."와 동의어다

각각 상황은 다르고 아들의 나이도 제각각이지만 엄마를 부르는 마음은 똑같아요. 아이의 마음을 읽어 볼까요?

"엄마, 여기 와서 이거 봐 봐."
→ '레고 조립 잘했지? 칭찬해 줘.'
"엄마, 나 하는 거 좀 봐."
→ '배드민턴 잘하지? 칭찬해 줘.'

"엄마, 방 정리했어요. 와서 보세요."
→ **'방 청소 잘했죠? 칭찬해 주세요.'**

여러 말 필요 없어요. 엄마의 칭찬 한마디면 입이 귀에 걸리는 게 아이들입니다. 어디 아이뿐인가요, 어른도 그렇습니다. 누구든 인정받고 칭찬받으면 기분이 좋지요.

[화장실 청소 후]
"자기야, 화장실 청소 다 했어. 깨끗해!"

[쓰레기 분리수거를 하고 온 후]
"어우, 추워! 밖에 진짜 추워! 오늘 바람 장난 아니야."

상황이 다르고 나이가 달라도 속내는 비슷할 겁니다.

'깨끗하게 청소했으니까 칭찬해 줘.'
'이렇게 추운데 분리수거했으니까 칭찬해 줘.'

고생한 남편에게 "와! 당신이 청소하니 화장실이 반짝반짝하네.", "추운데 분리수거하느라 고생 많았어요!" 하면서 칭찬하면 남편의 얼굴이 다섯 살 아들처럼 환해지지 않을까요?

나이가 많든 적든 사람은 칭찬에 약한 것 같아요. 저도 가족을 위해 요리를 하고 맛있냐고 물어보곤 하는데요. 아이들과 남편이 맛있다고 하면 그렇게 기쁠 수가 없어요. 명절 때도 별다른 말 없이 수고했다는 말 한마디로도 피곤이 풀리기도 하지요.

　행복은 멀리 있지 않습니다. 가족끼리 서로 칭찬을 주고받는 게 일상이 되는 것만으로 행복 지수가 쑥쑥 올라갑니다. 부모가 아니면 누가 내 아이에게 우쭈쭈해 줄까요? 작은 칭찬이라도 해주면 입꼬리가 올라가고 좋아서 어쩔 줄 몰라 하는 아이의 표정이 귀엽기도 하지요. 그런 모습을 보면 칭찬에 박해지지 말아야겠다고 다짐하게 됩니다.

　그러니 아이가 부르면 달려가서 진심으로 칭찬해 주세요. "엄마, 와서 보세요."라는 아이의 말은 "엄마, 칭찬해 주세요."와 같은 의미라는 걸 꼭 기억하세요.

2

뭔가를 해낸 아들에게
"잘했어."라는 막연한 칭찬 대신

칭찬은 아이에게 큰 심리적 보상입니다. 칭찬을 받으면 우리의 몸속에서 도파민이 분비되는데, 이는 실험으로도 밝혀졌죠. 그리고 도파민은 남성 호르몬인 테스토스테론과 연관이 큽니다(남성 호르몬은 도파민 분비를 촉진합니다). 부모의 칭찬 한마디가 하기 싫어하는 아들, 안 하려고 하는 아들을 움직이는 힘이 될 수 있는 셈이지요. 하지만 무작정 칭찬한다고 효과가 있는 것은 아닙니다.

"천재다."

"잘했어!"

"최고야."

이러한 칭찬은 아들에게 좀처럼 와닿지 않습니다. 막연하기 때문입니다. 어떤 점이 좋은지, 얼마나 잘하는지 구체적으로 설명하지 않으면 설득이 되지 않죠. 영혼 없는 칭찬은 아들의 머릿속에 입력이 되지 않습니다.

"잘했어."라는 말보다 더 강력한 칭찬의 말

그럼 아들은 어떻게 칭찬해야 할까요? 칭찬 노하우 세 가지를 소개합니다.

① 어떤 점에서 잘한다고 생각하는지 근거를 들어 주세요

아들에게는 '왜'가 중요합니다. 엄마가 '왜' 잘했다고 생각하는지 궁금해 하는데요. 무조건 잘한다고 하기보다 근거를 들어 조리 있게 짚어 주는 게 칭찬의 첫 번째 노하우입니다.

"잘 썼네."

→ "열 줄이나 썼네. 책 줄거리도 잘 정리했고 느낀 점이 잘 드러나 있

어. 네가 쓴 독서록을 읽으니까 엄마도 이 책이 궁금해진다."

"잘 그렸네."

→ "나무에 딱따구리랑 코알라를 그렸네. 정말 살아 있는 것처럼 잘
그렸다."

아들에게 칭찬하기 전에 먼저 부모인 나 자신을 설득할 수 있어야
합니다. 내가 이걸 왜 잘한다고 느끼는지 스스로에게 물어보는 것이
지요. 그렇게 나 자신을 설득했다면 그 근거를 아이에게 말해 주세
요. 그러면 아이도 끄덕입니다.

근거를 담아 말하다 보면 칭찬이 길어집니다. 칭찬은 길게 해도
괜찮아요. "엄마, 잔소리 길어요! 짧게 해주세요!"라는 말은 해도
"엄마, 오늘 칭찬 길어요! 줄여 주세요."라는 말은 안 하니까요. 잔
소리를 길게 하면 잘 듣지 않으려 하지만 좋은 소리는 아무리 길게
해도 귀에 쏙쏙 박혀요. 그래서 반복해서 말해도 질리지 않지요.

② 과거와 현재를 비교해서 칭찬해 주세요

학교에서 아이들을 가르치다 보면 글씨를 잘 쓰면서 그림도 잘 그
리고, 공부도 잘하면서 운동도 잘하는 다재다능한 아이들이 있습니
다. 초임 교사 시절, 뭐든 잘하는 만능 재주꾼 아이들에게 주로 칭찬
을 했습니다. 그러다 보니 나머지 다수의 아이들에게는 칭찬을 많이
하지 못했죠.

한 해 한 해 경력이 쌓이면서 깨달은 건 모든 아이는 나름의 잘하는 게 있다는 사실입니다. 담임을 맡아 아이들과 1년을 꼬박 함께 지내다 보니 저마다 잘하는 게 제각각이고 한 해 동안 성장을 하더라고요. 한 달, 두 달, 한 학기, 1년을 지내면서 자라지 않은 아이는 단 한 명도 없었습니다. 학기 초에 발전하는 모습이 좀처럼 눈에 띄지 않았던 아이들은 잘하는 것이 없는 게 아니라 교사인 제가 발견하지 못했을 뿐이었습니다.

아이는 매일 키가 자라듯 지혜가 자랍니다. 성장 속도가 다를 뿐 자라지 않는 아이는 없습니다. 아이의 성장을 발견하기 위해서는 '관찰'을 해야 합니다. 어제보다 오늘 성장한 것은 확인이 어려울지 모르지만 한 달 전, 세 달 전과 비교해 보면 분명 발견할 수 있습니다. 그러니 칭찬은 아이가 '잘할 때'가 아닌 부모가 '발견할 때' 할 수 있어요.

"전보다 실수가 줄었네. 전에는 열 문제 중에 세 개 틀렸는데 오늘은 한 개 틀렸잖아. 잘하고 있어!"
"세 줄 쓰는 것도 힘들어 하더니 지금은 열 줄도 거뜬히 쓰네. 정말 많이 발전했어."
"전에는 30분씩 하기 싫다고 울고불고 했는데, 지금은 의젓하게 자리에 앉아서 번개같이 끝내네."

이전의 내 아이와 현재의 내 아이를 견주어 보면 얼마나 성장했는지 발견할 수 있어요. 이는 곧 '과정을 칭찬하는 것'입니다. 다만 이때 주의할 점은 비교 대상이 다른 친구, 다른 아이가 되면 안 된다는 사실입니다.

"다른 애들은 이만큼 못 해. 우리 아들이 제일 똑똑해."
"형은 이렇게 진득하지 않았어. 너는 집중을 잘하는 거야."

다른 사람과 비교하면 자칫 아이에게 우월감이 생길 수 있어요. 나보다 못한 누군가를 업신여기는 마음을 심어 줄 수도 있고요.

"다른 애들에 비하면 너는 적게 하는 거야. 다른 집 애들은 다 수학학원, 영어학원 다니는데 너는 겨우 수학 학습지만 하면서 숙제가 많다고 하면 돼?"
"저기 북한 애들, 아프리카 친구들은 얼마나 힘들게 공부하는 줄 알아? 넌 행복한 거야. 숙제하고 공부하는 것에 감사해야 해."

이런 식으로 남과 견주어 아이를 깎아내리는 것 또한 금물입니다. 이는 동기부여가 아닌 동기 자체를 꺾어 버릴 수도 있어요. 아이의 자존심은 꼭 지켜 줘야 해요. 아이의 과거와 현재를 비교하는 게 가장 건강한 칭찬입니다.

우리가 칭찬에 인색한 이유는 결과에 초점을 두기 때문입니다. 결과만 본다면 칭찬할 일이 많지 않아요. 아이가 부모의 마음을 움직일 만큼 뛰어난 결과물을 내는 건 드문 일이니까요.

결과에 대한 칭찬은 꼭 부모가 아니라도 해줄 수 있어요. 좋은 성적, 합격, 탁월한 성과 등을 내면 친구들이나 선생님, 그 이야기를 들은 누구라도 아이에게 잘했다고, 축하한다고, 애썼다고 말해 줄 겁니다. 그러나 겉으로 드러나는 결과가 아닌 그간의 과정을 인정하고 아이가 가진 좋은 점에 주목하는 건 아무나 못 해요. 칭찬은 아이를 사랑하는 사람, 애정 어린 눈으로 아이를 관찰하는 사람만이 해 줄 수 있습니다.

③ 아이가 잘하는 것에 주목해 칭찬하세요

아이가 못하는 것에 초점을 맞추면 부정적인 말과 태도, 눈빛으로 아이를 대하게 됩니다. 양말을 뒤집어 벗어 놨다고, 방 청소 안 한다고, 불 안 끄고 다닌다고, 물건을 제자리에 두지 않는다고 자꾸만 잔소리를 하게 되지요.

이렇듯 안 하는 것, 못하는 것에 주목하면 좋은 면을 바라볼 기회를 잃어버려요. 아이에게 좋은 점이 없는 게 아니라 부정적인 면만 보다 보니 좋은 걸 들여다볼 기회를 놓치는 셈이지요.

못하는 걸 들춰내면서 무언가를 잘하라고 한다면 아들은 '잘하려는 마음'이 아닌 '반발심'만 커집니다. 엄마가 자신을 깎아내린다고 느끼면 자존심이 상해서 말을 더 안 들어요. 결국 엄마와 아들이 맞서게 되고 말죠. 그러니 부족함을 들추는 대신 잘하는 걸 칭찬하면서 이러이러한 부분은 보완했으면 좋겠다고 말하는 게 아들에게 맞는 화법입니다.

부정적인 면을 굳이 찾아내고 파헤쳐서 말하는 데에 시간과 에너지를 쏟을 필요가 있을까요? 그보다 아들의 좋은 점을 찾아내고 발견하고, 감탄하고, 기뻐하는 데 에너지를 쓰는 게 낫습니다. 아들은 자신의 긍정적인 면에 대해 이야기하는 부모를 통해 자신에 대한 믿음을 재확인하고 용기와 영감을 얻을 것입니다. 그 힘으로 더욱 풍요로운 삶을 살 수 있을 거예요.

칭찬은 아들을 춤추게 합니다

사랑은 그저 "사랑해."라는 말로만 전해지지 않습니다. 아이는 부모가 자신을 바라보는 태도와 눈빛에서도 사랑을 느낄 수 있어요. 아이를 칭찬하고 좋은 면에 주목하는 것은 곧 아이를 향한 사랑의 표현이기도 합니다.

잘한다, 잘한다 하면 더 잘하는 게 아이들이지만 아들이 유독 그런 것 같아요. 칭찬은 아들을 기쁘게 합니다. 칭찬을 하면 할수록 아들도 엄마도 행복해져요. 그러고 보면 아들을 키우는 엄마가 키워야 할 첫 번째 실력은 '칭찬 실력'입니다. 어쩌면 요리 실력, 운전 실력, 정보력보다 먼저이지 않을까 싶은데요. 칭찬은 말 그대로 아들을 춤추게 합니다.

3

허세 부리는 아들에게
"건방 떨지 말고 집중해."라는 엄격한 말 대신

[초4, 수학 문제집의 단원 마무리를 푸는 상황]

아들 : 아, 이거 너무 쉽잖아. 껌이지. 엄마, 다 풀었어요. 보나 마나

　　　 100점, 틀림없이 다 맞혔을 거예요.

(자신만만하게 풀었지만 계산을 잘못해서 엄청 틀려서 결과는 60점)

엄마 : 건방 떨지 말고 차분히 집중해. 너 잘하는 거 아니야.

아들 : (울면서 우김) 답지가 잘못됐어….

[초6, 수학 단원평가를 앞두고 공부를 안 하는 상황]

엄마 : 내일 시험 아니야? 천하태평이네. 놀고만 있으면 어떻게 해?

아들 : 잘 볼 자신 있어요.

엄마 : 지난번 단원평가도 70점 맞았으면서. 말처럼 잘하려면 공부를
　　　해야지.

아들 : 그때는 계산이 틀린 거고 이번 단원은 도형이라 계산 없어요.
　　　저 도형 천재예요.

(공부하지 않고 본 단원평가의 결과는 80점)

엄마 : 도형 천재라며, 무슨 80점이야?

아들 : 실수예요. 원숭이도 나무에서 떨어질 때가 있잖아요. 그래도
　　　지난번보다는 잘 봤어요.

100점 맞는다는 호언장담부터 천재 드립까지, 아들 키우는 엄마
라면 한 번쯤 들어 봤을 말이지요. 허세란 실력이나 실속이 없으면
서 겉으로만 뭔가 있어 보이는 척하는 행위를 말합니다. 자기에 대
한 과대평가죠. 일종의 자기 이상화입니다.

허세를 부리면 좋은 면도 있습니다. 기죽어 있는 것보다는 씩씩한
게 낫죠. 허세는 마음속 긍정 회로를 돌려 행복감과 만족감을 느끼
게 해줍니다. 하지만 바로잡아야 할 부분도 있어요. 나는 유능한 사
람이라는 자신감은 바람직하지만 노력하지 않아도 잘할 거라는 허
황된 믿음은 비약이고 허상이죠. 따라서 긍정적인 신념은 믿고 지지

해 주되 노력을 안 해도 마냥 잘할 것이라는 신념은 바로잡아 주면 됩니다.

우선 아들에게 칭찬을 하세요. 아들의 허세가 현실적이지 않고 사리에 맞지 않다 하더라도 먼저 우호적인 표현을 한 다음에 가르쳐도 늦지 않습니다.

[초4, 수학 문제집의 단원 마무리를 푸는 상황]

"네가 이해력이 좋아서 쉽게 느껴진 거야." (선 칭찬)

"근데 계산은 별개야. 정확히 풀려면 계산 연습을 해야 해. 매일 조금씩 꾸준히 하다 보면 다 맞힐 수 있어." (후 지시)

[초6, 수학 단원평가를 앞두고 공부를 안 하는 상황]

"네가 원래 도형을 잘하긴 해." (선 칭찬)

"원래 도형 잘하는데 공부를 하면 더 잘할 수 있어. 문제집도 풀어 봐." (후 지시)

좋은 성적을 거두려면 무엇보다 공부를 해야 합니다. 뿌린 대로 거둔다는 인과관계와 현실을 아들도 알아야 합니다. 능력에 대한 과장된 믿음이 노력하지 않아도 된다는 자기 합리화, 노력하지 않는 행동의 정당화로 이어져서는 안 돼요.

아들의 좋은 점과 잘하는 면은 인정하되, 성과는 노력에 비례한다는 걸 아들이 깨닫도록 도와주어야 합니다. 아이가 가진 좋은 면은 칭찬하면서 더불어 노력의 중요성을 일깨워 주면 아들은 허세에 머물지 않고 앞으로 나아갈 수 있을 거예요.

4

**인정받고 싶어 하는 아들에게
"뛰지 마. 다쳐."라는 금지 대신**

[초3, 엘리베이터를 안 타고 계단으로 내려가겠다고 하는 상황]

아들 : 엄마, 나 계단으로 갈게.

(먼저 내려와서 엘리베이터 앞에서 기다리고 있는 아들)

아들 : (의기양양한 표정으로) 엄마, 나 빠르지? 내가 엘리베이터보다
　　　빨라.

엄마 : 뛰지 마. 너 그러다 다친다!

[초2, 운전 중인 엄마에게 말을 거는 상황]

아들 : 엄마, 그거 알아요? 세계에서 가장 큰 나비가 뭐게요?

엄마 : (운전하며 건성으로) 어, 나비? 몰라, 몰라.

아들 : 세계에서 가장 큰 나비는 바로 퀸알렉산드라버드윙이에요. 지금은 멸종 위기예요. 세계에서 가장 큰 장수풍뎅이는 뭔 줄 알아요?

엄마 : (영혼 없이) 응.

아들 : 뭐예요, 엄마! 세계에서 가장 큰 장수풍뎅이 안다면서요?

엄마 : 어? 몰라, 몰라. 아들, 엄마 운전하잖아. 좀 조용히 해줄래? 이러다 사고 나.

아들은 왜 인정받고 싶어 할까?

허세 부리는 아들의 마음속에는 인정받고 싶은 욕구가 자리하고 있습니다. 엘리베이터보다 빠르다는 걸 인정받고 싶고, 곤충에 대한 지식을 뽐내고 싶은 것입니다. 아들의 뜬금없는 말과 행동 이면의 '인정 욕구'를 들여다봐야 합니다. 인정 욕구에 주목하면 아들을 이해하는 게 쉬워져요.

일반적으로 여자아이는 관계를 중시하고 주위 사람들과 잘 지내려고 합니다. 남자아이는 여자아이보다 자극을 추구하고 어느 한 대상에 몰두하는 경향이 강한 편이죠. 이러한 성별의 특성과 차이는 우리 몸속 신경전달물질의 차이로 설명할 수 있습니다.

도파민과 세로토닌은 우리 뇌에서 분비되어 우리에게 행복과 만족을 느끼게 해주는 대표 신경전달물질이에요. 무언가를 해냈을 때의 쾌감이 도파민과 관련된다면 사람과 연결되고 교감하며 누리는 일상의 행복은 세로토닌과 관련됩니다. 성호르몬의 영향으로 아들에게는 도파민적 특성이 나타나고, 딸에게는 세로토닌적 특성이 나타납니다.

① 도파민

도파민은 보상과 밀접하게 연관되어 있습니다. 더 하고 싶은 마음과 의욕을 만들고, 의지를 갖고 노력하게 하는 동기를 부여하죠. 보상회로를 작동시켜 어떠한 행동을 계속하게 하는 도파민은 남성 호르몬인 테스토스테론의 영향을 받습니다. 남성 호르몬 수치가 높으면 도파민 생산이 많아져요. 아들이 자극을 추구하고 게임을 좋아하는 것도 도파민의 영향인 셈이지요.

② 세로토닌

세로토닌은 사람과의 관계와 관련이 있습니다. 도파민이 목표를 달성했을 때 느끼는 쾌감이라면 세로토닌은 관계 가운데 느끼는 행복에 가깝습니다. 세로토닌은 평온감과 안정감을 줍니다. 사랑과 신뢰의 긍정적인 관계를 만들고 서로 교류하고 소통하는 가운데 세로토닌이 만들어져요. 여성 호르몬인 에스트로겐은 세로토닌의 합성을 돕습니다. 대체로 여자아이들이 친구 관계를 중시하고 상대의 기분을 살피며, 상대가 싫어하거나 불편해 할 만한 말이나 행동을 안 하려고 하는 건 세로토닌의 영향인 셈이지요.

정리하면 도파민과 세로토닌은 성호르몬에 영향을 받습니다. 남성 호르몬은 도파민의 합성을 돕고, 여성 호르몬은 세로토닌의 합성을 돕습니다. 인정과 칭찬에 민감한 아들의 성향, 인정 욕구는 도파민의 영향인 셈이지요. 인정과 칭찬이 커다란 보상이니까요. 공감을 잘하고 관계 속에서 잘 지내고 싶어 하는 딸의 성향은 세로토닌의 영향이라고 할 수 있습니다. 그래서 딸은 '관계 욕구'가 강하다면 아들은 '인정 욕구'가 강한 것이지요. 그렇다면 인정 욕구가 강한 아들에게는 어떻게 말해 주면 좋을까요?

먼저 인정해 주고 지시하세요

[초3, 엘리베이터를 안 타고 계단으로 내려가겠다고 하는 상황]
"네가 달리기 잘하는 거 엄마가 알아." (선 인정)
"그런데 계단에서 뛰지는 마. 그건 위험해." (후 지시)

[초2, 운전 중인 엄마에게 말을 거는 상황]

"우리 아들, 곤충에 대해 많이 아네. 곤충 박사님 같은데? 엄마는 다 처음 들어 보는 곤충인데, 네 덕분에 알게 됐어." (선 인정)

"엄마가 네 얘기를 잘 듣고 싶은데 운전 중이라 집중이 안 돼. 집에 가서 얘기할까?" (후 지시)

먼저 인정해 주는 게 핵심입니다. 인정을 해준 다음에 지시해도 늦지 않아요. 인정 욕구가 충족되면 아들은 엄마 말을 더 잘 듣습니다. 하지만 인정 욕구 주머니를 채우는 건 궁극적으로는 본인의 몫입니다. 부모가 대신 해줄 수 없어요. 아들 스스로 노력해서 인정받을 만큼 성장해야 해요. 다만 인정을 받아 본 아이가 인정받으려고 노력한다는 사실을 기억하세요. 인정받아 본 기쁨과 보람을 느껴 봐야 동기부여가 되는 거죠.

'와, 나한테 아는 게 많대. 앞으로 책을 더 많이 읽어야지. 똑똑한 사람이 될 거야.'

이것이 아들을 인정해 주어야 하는 이유입니다.

5

할 일을 미루고 대충하는 아들에게
"뭘 했다고 힘들어."라는 나무람 대신

뛰놀고 싶은 아들에게 공부는 지루하기만 합니다. 공부라는 자극
이 아이에게 썩 긍정적이지는 않아요. 그렇기 때문에 아들에게 공부
습관을 잡아 주려면 칭찬과 격려의 긍정적인 지지가 무엇보다 필요
합니다. 가뜩이나 공부라는 자극을 부정적으로 받아들이는 아들이
부정적인 말까지 듣는다면 공부가 더 하기 싫어질 테니까요. 그런데
문제는 칭찬할 게 눈에 잘 보이지 않는다는 점입니다.

"선생님, 잘하는 게 있어야 좋은 말도 하죠. 애가 자기가 해야 할

분량을 알아서 끝내고, 실수 없이 잘 해내면 좋은 말을 하겠지만 할 일을 미루고 그조차 대충하는데, 어떻게 긍정적으로 반응하죠?"

네, 결과만으로는 어려워요. 그래서 칭찬에는 단계가 필요합니다.

첫째, 시작을 칭찬하고,
둘째, 완수를 칭찬하고,
셋째, 완성도를 칭찬합니다.

시도에서 완수, 완성도로 옮겨 가며 칭찬하는 것이지요.

공부 습관은 칭찬을 먹고 자랍니다

① 시작 칭찬

"스스로 하려고 앉았네."
"시작하려고 마음먹었네."

저희 아들은 초등학교 입학 후 글씨 연습과 책 읽기를 조금씩 하는 걸로 공부 습관을 잡는 여정을 시작했어요. 처음에는 매일매일이

험난했습니다. 책상에 앉기도 전에 하기 싫다, 어렵다, 힘들다며 눈물을 글썽였으니까요. 이때 저는 그저 아들이 책상 앞에 앉기만 해도 칭찬해 줬어요.

"스스로 의자에 앉았네. 멋지다."

하루 이틀이 아니라 1년 가까이 책상 앞에 앉기만 해도 칭찬을 해 주었던 것 같습니다. 그때 아들 녀석은 글씨도 삐뚤빼뚤 쓰고, 책 한 권 읽기라는 하루 일정을 다 끝내지 못할 때가 많았답니다. 결과만 보자면 잘했다는 소리를 아예 들을 수 없는 상태였죠. 그래서 더 아들의 노력과 시도에 주목했습니다. 일단 시작한 것, 책상 앞에 앉은 것, 스스로 책을 꺼내 온 것. 그 모든 걸 시도만 해도 박수를 쳐 주었습니다.

② 완수 칭찬

"다했네."
"놀고 싶었을 텐데 할 일부터 끝냈네."

시도하는 게 어느 정도 자리가 잡혀 수월하게 책상에 앉을 무렵부터는 어떤 일을 완수한 것에 대해 칭찬을 했어요. 2~3학년 무렵 내

내 무엇이든 다 해내면 칭찬해 줬던 것 같아요. 잘했느냐가 아닌 다 했느냐만을 보고 피드백을 주었지요.

학교에서 일기 쓰기 숙제가 있는 날이면 "일기 다 썼어? 10줄 쓴 거 맞지? 숙제 알아서 잘 했네."라고 하고 "일기장 가방에 꼭 넣어놔. 책상에 놓고 학교에 갈 수 있으니까, 가방에 잘 넣어!"라는 말도 보탰습니다. 숙제한 걸 놓고 갈까 봐 신경이 쓰여서도 있지만 아들 녀석이 일기 쓴 걸 보면 "글씨가 이게 뭐야?"라는 말이 올라오거든요. 아들 딴에는 가뜩이나 힘든 숙제를 겨우 끝냈는데, 거기에 잔소리까지 들으면 의욕이 꺾일 것 같았습니다.

아들이 숙제하는 걸 가까이가 아니라 멀리서 지켜보고, 숙제를 얼른 가방에 집어넣게 하는 것으로 저는 아들에게 쏟아 낼 부정적인 말들을 막을 수 있었습니다. 그리고 제가 말하지 않아도 선생님이 일기에 대한 피드백을 댓글로 알려 주셨지요.

③ 완성도에 대한 가르침

"실수를 줄이려면 어떻게 해야 할까?"
"모음 획을 길게 쓰면 글씨가 좀 더 예뻐 보일 것 같아."

아들이 4학년이 된 지금은 시도와 완수하기가 어느 정도 자리가 잡혔어요. 이제는 완성도에 대해 조금씩 말하고 있습니다.

"받침 없는 글씨는 곧잘 쓰는데 받침 있는 글씨가 줄을 넘기거나 줄에 걸리는 때가 많네. 어떻게 쓰면 좋을까?"

완수에 대한 피드백은 칭찬이 될 때도 있지만 교정에 관한 피드백이 될 때가 많아요. 그래서 공부 습관이 어느 정도 자리를 잡았을 때부터 하는 게 바람직합니다. 이제 막 공부 습관을 잡기 시작한 1학년 아이에게 "글씨 또박또박 써야지.", "맞춤법 틀렸어.", "거긴 띄워서 써야지."와 같이 완성도에 대한 피드백을 주는 건 너무 일러요. 가르치고 교정하는 것은 우선 공부에 대한 긍정적인 정서가 형성된 다음에 해도 늦지 않습니다.

공부가 싫고 노는 것만 좋은 게 아이들이고 그래서 공부 저항이 있다는 걸 알고 있지만 제 아들 녀석은 그 저항이 유독 심했습니다. 제주도에서 아들을 키우며 주변에 보낼 만한 학원이나 공부방이 없었기 때문에 엄마표 학습으로 끌고 갔지, 첫째 때처럼 서울에 있었다면 아마 학원에 보냈을 거예요. 아들의 부정적인 반응에 영향을 받지 않고 칭찬을 해준다는 게 정말 어려웠거든요.

책상에 앉기도 전에 눈물을 글썽이고, 공부 때문에 놀지도 못한다는 불만을 늘어놓던 아들이었어요. 하루 한 장 연산, 30분 책 읽기도 안 하려고 울고불고했죠. 초등학교 2학년 때까지요. 4학년인 지금은 자기가 해야 할 일을 잘 알고 있고 스스로 책상에 앉습니다.

얼마 전에는 이런 일이 있었어요. 금요일 밤, 같이 영화를 보기로 했는데 약속한 시간에 아들이 오지 않았어요. 불러 보니 방에서 수학 문제집을 풀고 있는 거예요.

"아들, 수학 못 한 거 하는 거야? 영화 켰는데 와서 봐."

"아니, 수학 다 끝내고 볼래."

"왜? 영화 보고 싶지 않아?"

"보고 싶은데, 할 일을 끝내고 보기로 했는데 안 끝내고 보면 뭔가 속이 불편할 것 같아."

"괜찮아. 연산만 빼고 나머지는 다 했잖아. 오늘은 영화 보고 내일 해도 돼."

"근데 그게 왠지 속이고 거짓말하는 것 같아서 싫어."

"와, 너 자신에게 정직하고 싶은 거네. 멋진데!"

"엄마, 이게 멋진 거야?"

"그럼, 당연하지. 약속을 스스로 지키는 건 멋지고 훌륭한 거야."

꾸준히 긍정적 피드백을 건넨다면 공부 저항이 심한 아들도 자기할 일을 스스로 해내는 날이 옵니다.

칭찬 1단계: 시작 칭찬

칭찬 2단계: 완수 칭찬

칭찬 3단계: 완성도에 대한 가르침

6

**매사 불만 가득한 아들에게
"엄마가 좀 쓰면 어때서?"라는 핀잔 대신**

이사를 하며 거실을 서재로 만들었어요. 거실에 중학생 딸과 초등학생인 아들 책상을 나란히 놔 줬죠. 그런데 아들 책상을 사용하니 편하더라고요. 아이들 밥이랑 간식을 챙겨 주는 것도 거실에서 하는 게 편해서 동선이 좋은 아들 책상을 점차 제가 쓰게 되었어요. 그런데 어느 날 아들이 이렇게 묻더군요.

"엄마, 왜 내 책상에서 일을 해? 엄마 책상에서 해도 되잖아."

맞는 말이었습니다. 본인 책상이니 치워 달라고 하면 제가 서재로 가야죠. 그런데 막상 옮길 생각을 하니 번거로웠습니다. 저는 이렇게 말했습니다.

"엄마가 원고 쓰는데, 요즘 잘 안 써져서 고민이었거든. 근데 아들이 엉덩이 붙였던 자리에서 쓰면 생각이 잘 떠오르는 거야. 그래서 네 책상에서 하는 건데, 비켜 줄까?"
"(손사래를 치며) 아니, 나는 괜찮아! 내 책상, 마음껏 써도 돼!"

아들은 입이 귀까지 걸리더니 온 집 안을 돌아다니며 엉덩이춤을 추기 시작했습니다.

"엄마, 그러면 지금 의자도 어제 내가 밥 먹었던 자리잖아. 일부러 거기 앉은 거야?"
"맞아. 엄마는 네가 앉은 자리만 찾아다녀. 그래야 창의적인 영감이 떠올라. 아들은 엄마에게 영감을 주는 사람이야."

만약 제가 "엄마가 네 책상 좀 쓰면 어때서? 책상 잘 앉지도 않으면서 그래!", "엄마는 네 밥도 챙기면서 글도 써야 하잖아."라고 했다면 불만 가득한 표정의 아들과 한참을 입씨름했을 겁니다. 지쳐서 결국 서재로 책을 옮기는 수고를 했을지도 모르지요. 칭찬 한마디로 수고는 덜고 행복은 키울 수 있었습니다. 제가 서재로 옮겨 가지 않아도 됐던 건 물론이고요. 큰애가 공부가 안 돼서 딴청을 피우고 있으면 "누나, 집중이 안 되면 내 자리에서 해볼래? 내 의자 빌려 줄까?"라고 묻기도 했답니다. 너무 귀여워요. 엄마의 말에 아이가 얼마나 기뻐하고 행복해 하는지 느껴지시죠?

아이의 존재를 환영해 주는 사람이 되세요

제가 아들에게 한 칭찬은 결과에 대한 게 아니었습니다. 존재에 대한 것이었지요. 아들은 자신이라는 존재 그 자체로 기뻐하고 환대하는 말을 들었기 때문에 신이 났던 것이고요.

결과에 대한 칭찬은 무언가를 잘 해내거나 좋은 결과물을 내야 받을 수 있다는 점에서 조건적입니다. 이러한 칭찬은 조건을 충족시켜야 얻을 수 있기에 아이에게 압박감을 주기도 합니다. 일정 기준에 도달하지 못할 경우 좌절하고 낙심하기도 하며, 잘하지 못하면 아예 시도하지 않으려고 하죠. 타인의 인정과 승인을 과도하게 추구하게 되는 칭찬의 역설입니다.

하지만 존재에 대한 칭찬은 조건이 없어요. 잘하지 않아도 되고 잘하려고 애쓰지 않아도 됩니다. 그런 의미에서 존재적 칭찬은 조건 없는 사랑의 표현이기도 합니다. 있는 모습 그대로를 사랑한다는 것은 이렇게 표현할 수 있어요.

"엄마는 네가 그냥 좋아."
"아빠는 너만 보면 웃음이 절로 나."
"옆에만 있어도 행복해. 내 보물."
"네 생각만 해도 힘이 나."
"네 엄마라서 정말 행복해."

아이는 존재적 칭찬에 부담감이나 압박감을 느끼지 않아요. "네가 있는 것만으로도 힘이 난다."와 같은 말을 들으면 아이는 본인이 그런 존재인 줄 믿게 됩니다. 존재 자체로 사랑을 느끼며 믿고 자라는 것이지요.

내가 귀한 존재라는 믿음을 장착한 아이는 성인이 되어 여러 일을 겪고 넘어져도 일어설 힘을 낼 수 있어요. 존재를 귀하게 대접하는 것은 결과의 가치, 노력의 가치를 칭찬하는 것 이상으로 힘이 셉니다. 평생 아이의 든든한 지지자가 되고 싶다면 존재에 대한 칭찬을 건네세요.

"네가 먹는 거 보고만 있어도 엄마는 배불러."
"너를 낳아 키우는 게 엄마 인생에서 가장 큰 기쁨이야."

어릴 적 엄마 아빠가 제게 해주신 이 말을 지금도 저는 생생하게 기억하고 있습니다. 평범한 일상 속에서 스쳐 지나가듯 해주신 말이었지만 저는 마흔이 넘은 지금까지도 그 기억을 꺼내 보며 삽니다. 어릴 적 제가 상장을 받아 왔을 때, 좋은 성적을 냈을 때, 임용고시에 합격했을 때도 분명 부모님께 칭찬을 들었던 것 같은데, 그러한 칭찬들은 이 말만큼 선명히 기억나지는 않아요.

내 존재를 환영해 주는 사람, 나라는 존재를 귀하게 여겨 주는 누군가가 있다는 건 감사하고 가슴 벅찬 일입니다. 그러고 보면 부모가 아이에게 줄 수 있는 가장 큰 선물은 자신의 존재를 기뻐하는 한 사람이 되어 주는 일 같습니다.

아이가 평생 꺼내어 보길 바라는 말은 무엇인가요?

아들에게 받고 싶은 선물이 뭐냐고 물으면 장난감, 로봇, 스마트폰, 게임기라고 대답합니다. 그런데 막상 그런 걸 사 주면 당시에는 무척이나 좋아하지만 꺼내어 쓸 때마다 그 기쁨이 계속되지는 않는 것 같더라고요.

"너는 엄마에게 글 쓰는 영감을 주는 사람이야."
"너만 보면 웃음이 절로 나."

"함께 있어 행복해."

"네 생각에 힘이 나."

이러한 말을 들을 때면 이빨을 드러내며 웃고 춤을 추는 아들 녀석, 오늘만이 아니라 오래도록 아들이 이 말을 꺼내어 보며 기뻐할 거라는 상상을 하면 행복해집니다.

엄마가 곁에 없는 순간에 아이가 꺼내어 보기를 바라는 말은 무엇인가요? 평생 아이가 힘을 내고 용기를 낼 수 있는 그 말을 지금 아이에게 들려주세요.

PART2

감정 조절 말 연습

1

엄마 탓을 하는 아들에게
"그게 왜 엄마 탓이야?"라는 꾸짖음 대신

아들의 친구 가족이 제주도로 놀러 오기로 했는데 사정이 생겨 여행이 취소됐어요. 기대가 컸는지 아들은 크게 실망했죠.

"아, 나는 진짜 기대했는데…."

눈물을 글썽이더니 양치질을 하면서도, 세수를 하면서도 우는 것이었습니다. 밤이 되어 잘 준비를 마치고 침대에 누워서는 이렇게 말했습니다.

"엄마 때문이야. 엄마가 내 기대를 깨 버렸어."

"너로서는 기대를 많이 했을 텐데 실망스러웠을 거야. 그런데 사정이 생겼어. 친구네도 오고 싶었대. 그런데 갑자기….."

상황과 사정을 설명해 주어도 아들의 기분은 좀처럼 나아지질 않았습니다. 내내 훌쩍이며 뒤척였지요. 이대로는 새벽까지 잠을 못 잘 것 같았습니다.

"사랑하는 아들, 이리 와. 엄마가 안아 줄게."

"엄마, 더 세게 안아 줘."

(잠시 후)

"엄마, 산산조각 난 내 마음이 이제 30퍼센트쯤 붙었어."

"다행이다. 100퍼센트 붙을 때까지 엄마가 안고 있을게."

"이제 50퍼센트쯤 충전됐어."

완충이 되기 전, 아들은 잠이 들었답니다.

모르는 게 아니라 미숙해서 그런 겁니다

"그게 왜 엄마 탓이야? 엄마가 오지 말라고 한 것도 아닌데!"

"사정이 생겨서 못 오는 걸 내가 어떻게 해? 그만 울어."

이렇게 말하지 않아도 아들은 알 겁니다. 엄마 탓이 아니라는 것을요. 기대했던 친구와의 만남이 무산된 실망감을 어떻게 다루어야 할지 모르니 엄마에게 던져 버리고 만 것이지요.

모르는 게 아니라 미숙한 겁니다. 산산조각 난 아들의 마음을 붙게 한 건 엄마의 말이 아니라 꼭 안아 주는 엄마의 온기였습니다. 그저 안아 주니 아이의 마음이 회복되었습니다. 때로는 말이 필요하지 않습니다. 꼬옥 안아 주기만 하면 돼요. 안고 쓰다듬어 주는 것으로 아이는 큰 안정감을 얻습니다. 어디로 튈지 모르던 마음이 진정되고 잠잠해지는 것이지요.

"숙제했니?"
"얼른 씻어."
"자세 똑바로."
"식탁에서 먹어야지."

매일 이런 지시만 듣고 산다면 아들이 엄마의 사랑을 언제 느낄까요? 지시는 육아에 꼭 필요하지만 아이는 지시만으로 자라지 않습니다.

"엄마한테 와. 충전~!"
"네가 안아 줘야 엄마가 힘이 나. 엄마 안아 줘."

아이는 사랑으로 자라요. 아이를 키우며 지시가 필요한 순간도 있지만 사랑은 늘 필요합니다.

2

축구하는 걸 구경만 하는 아들에게
"다음 주부터 FC 가."라는 일방적 통보 대신

2년 전, 아들이 친구들 축구하는 모습을 구경만 하는 걸 보고 저는 곧장 지역 FC에 아들을 등록시켰습니다. 하지만 친구들보다 키도 작고 체구도 작은 아들은 체력적으로 밀렸고, FC에서도 골키퍼를 맡거나 뒤에서 가만히 서 있는 일이 잦았지요. 가기 싫다고 여러 번 얘기했는데 조금만 더 해보자며 설득했고 6개월 정도 다니다 그만뒀어요.

축구하는 친구들을 구경하는 아들을 보며 제가 떠올린 해법은 FC였는데 아들이 떠올린 해법은 아빠였습니다.

"아들, 오늘 하루 어땠어?"

"재밌었어."

"뭐가 재밌었어?"

"축구."

"축구했어?"

"아니. 친구들 축구하는 거 구경했어."

"그랬구나. 축구 보는 게 재밌었구나. 같이 하고 싶지는 않았어?"

"하고 싶었지. 나도 하고 싶었는데 하늘이, 구름이, 다들 잘해. 나는 아빠한테 축구하자고 할 거야. 아빠랑 축구할 거야."

"그래, 그럼 되겠다!"

아들은 아빠와 신나게 뛰고 밝은 얼굴로 집에 들어와 이렇게 말했습니다.

"엄마, 아빠 되게 못해. 12 대 10으로 내가 이겼어!"

지금 생각해 보면 FC에 등록하면서 아들에게 상의하지 않았습니다. 축구 좋아하냐고, 축구 하고 싶냐고, 축구 배우고 싶냐고 묻지 않았어요. 그저 친구들 다 하는 거니까 같이 해보라고, 재미있을 거라고 설득하기 바빴죠. 제 마음대로 다음 주부터 FC에 가는 거라고 정해 버리고 아들의 목소리를 궁금해 하지 않았습니다. 축구는 엄마가 하는 게 아니라 아들이 하는 건데도 말이지요.

엄마의 불안을 아이에게 떠넘기지 마세요

사실 아들이 또래 사이에 끼지 못하는 걸 보고 있으니 속이 상했습니다. 그대로 두면 더 밀릴까 봐 걱정도 되었어요. 처음 FC에 등록할 때까지만 해도 아들을 위한 일이라 여겼지만 돌이켜 보니 결국 엄마인 내가 속상하고 불안해서였습니다.

부모의 욕심과 불안, 걱정을 아이를 통해 해결하려고 할 때가 있습니다. '너 잘되라고, 너를 위해서'라고 여기지만 실은 '나를 위해서, 내 마음 달래려고'인 경우도 드물지 않습니다. 부모가 불안을 잘 다루지 못하면 대화해야 할 상황에서 지시로 아이를 끌고 가기 쉬워요.

앞으로도 아이는 축구 잘하는 친구들 사이에서 소외감을 느끼는 날이 또 올 것입니다. 그걸 견디는 건 아들의 몫이에요. 힘들면 엄마에게 말할 것이고 속상하면 아빠에게 축구하자고 할 것이라고 믿습니다. 그러니 안심입니다.

저도 마찬가지예요. 키도 체구도 작은 아들이 또래에게 밀리는 게 속상하고 걱정스러운 날은 또 올 것입니다. 그걸 견디는 건 엄마인 저의 몫이지요.

3

엄마 일을 방해하는 아들에게
"너 왜 그래?"라는 질책 대신

지금은 대면 강의를 주로 하지만 코로나 시기에는 비대면 강의가 많았습니다. 웬만하면 아이들이 등교한 후인 평일 오전으로 강의를 잡는데요. 재작년에는 워킹맘을 위해 평일 저녁에 강의를 진행했으면 좋겠다는 요청에 따라 저녁 7~9시로 강의를 잡았죠. 강의를 시작하기 전에 저는 아들에게 당부했어요.

"오늘 엄마 강의가 있어. 두 시간 정도 걸리니까 9시쯤이면 끝나. 강의하는 동안 서재에 오면 안 돼. 누나랑 거실에서 책 읽고 있어."

초등학교 2학년이니 두 시간쯤은 책을 읽으며 기다릴 수 있을 거라고 예상했습니다. 그런데 한 시간 반쯤 지났을까요. 아들 녀석이 방문을 열고 들어오는 게 아니겠어요? 저는 몹시 당황했습니다.

한창 질문에 답하는 중이라 나가라고 할 수가 없어서 나가라는 의미의 수신호를 줬죠. 그런데 이 녀석이 제 다급한 신호에도 불구하고 나가기는커녕 강의하고 있는 화면에 자기 얼굴을 들이미는 것이었습니다. 들어오지 말라고 당부했고, 뻔히 엄마가 강의하는 걸 봤음에도 불구하고 화면에 얼굴을 내미는 아들. 정말이지 당혹스러웠습니다.

한두 살 먹은 어린아이도 아니고 말귀 다 알아듣고 상황 파악을 할 수 있는 초등학교 2학년인데 도대체 왜 이러는 건지 화도 났습니다. 돌발 상황을 만든 것 같아 강의를 들으시는 분들께 죄송하기도 했어요.

강의가 끝나고 숨을 고르며 제 마음을 들여다보았습니다. 안 그러면 당장이라도 아들을 붙잡고 "너 왜 그래? 엄마 방해하려고 작정했니? 엄마가 강의 망쳤으면 좋겠어?"라는 날 선 말을 쏟아부을 것 같았거든요. 차분히 생각해 보니 강의에 오신 분들은 너그럽게 이해해 주셨습니다. 개구쟁이 아들을 보고 불편해 하기는커녕 웃어 주신 분이 많았고, 내내 화기애애한 분위기였죠.

험악한 마음을 품은 건 엄마인 저뿐이었습니다. 곰곰이 생각해 보니 저는 화가 난 게 아니라 당황한 것이었습니다. 갑작스러운 상황,

예상치 못한 상황에 몹시 당황한 것이지 아이에게 화가 난 게 아니었어요. 제 마음을 알아차리고서야 비로소 아들에게 말할 수 있었습니다.

"엄마 강의하는 중에 네가 갑자기 들어와서 엄마가 무척 당황했어. 뭔가 사정이 있었니?"

"엄마, 사실 궁금한 게 있었어요. 화면에 엄마 얼굴이 나오고 뒤에는 흐릿하잖아요. 화면에 엄마 얼굴만 나오고 내 얼굴은 안 나올 줄 알았어요."

"배경이 흐리니까 너도 흐리게 나올 줄 알았어? 어떻게 나오나 궁금했던 거네. 선명하게 네 얼굴 나오니까 어땠어?"

"놀랐어요. 죄송해요."

아들 녀석의 속내는 궁금함이었습니다. 방해하려던 건 아니었어요. 자신의 얼굴이 흐리게 보일지, 선명하게 나올지 궁금하니 엄마가 강의하는 화면에 직접 얼굴을 내민 것이지요.

아들과의 관계를 발전시키는 질문의 힘

우리는 여러 예측을 하고 삽니다. 약속 시간에 늦지 않으려면 몇 시쯤 나가서 버스를 타고 지하철을 타면 된다는 시간 예측부터 컨디션이 안 좋으니 푹 쉬고 일찍 자야겠다는 몸의 상태 예측까지, 일상은 예측의 연속이에요. 그런데 이 예측이 항상 맞지는 않습니다. 예측에는 오류가 있어요.

시간에 대한 예측의 경우 크게 빗나가지 않습니다. 교통수단은 큰 변수가 없거든요. 지하철, 버스는 이변이 없는 한 정해진 시간을 지켜 운행하니 예상과 예측이 비교적 잘 들어맞죠.

그런데 사람에 대한 예측은 오류가 무척 많아요. 사람은 지하철이나 버스와는 달리 복잡하고 변수가 많으니까요. 저는 강의 중이라고 미리 말하면 아들이 방에 들어오지 않을 거라 여겼지만 아들은 제 예상과 다른 행동을 했어요. 화면에 자신이 어떻게 나올지 궁금해할 거라는 건 저로서는 전혀 예상하지 못했던 것이고요.

이 밖에도 상대방의 감정, 생각, 의도에 대한 예측은 빗나갈 때가 많습니다. 나를 보고 웃는 걸 보니 이 사람은 나를 좋아하나 봐, 나한테 찡그리는 거 보니 나를 싫어하나 봐, 모두 아닐 수 있습니다. 길에서 아는 사람을 만났는데 모른 척 지나간다면 일부러 보고도 못 본 척하는 것일 수도 있지만 보지 못한 걸 수도 있습니다.

사람이라는 대상은 복잡하고 복합적이기에 상황 속 행동과 태도라는 단편적인 정보만으로 예측하고 판단할 수가 없어요. 이렇듯 사람에 대한 예측은 오류가 생기기 마련입니다. 상대방에 대해 다 안다고 여기지만 사실은 모를 수도 있습니다.

그 사람의 마음과 의도는 당사자에게 물어봐야 정확히 알 수 있습니다. 짐작하지 말고 물어봐야 해요. 모든 사람에게 진심을 다 물어보지는 못하겠지만 적어도 내가 아끼고 소중히 여기는 사람이라면 오해하지 않도록 그 사람의 진심을 물어봐야 합니다. 사랑하는 내 아들에게라면 더욱더 질문해야 하고요.

아이에게 화를 내고 뒤돌아 후회하고 자괴감에 빠질 때가 있지요. 왜 그렇게 화가 났는지 곰곰이 생각해 보면 이해가 안 되는 순간일 때가 많아요. 바로 그 순간에 화를 내는 대신 질문을 던져야 합니다. 이해가 되면 더 이상 화가 커지지 않으니까요.

저 또한 강의 중에 불쑥 얼굴을 내민 아들에게 무척 화가 났지만 속내를 물어보고 본심을 알고부터는 화난 마음이 사그라들었어요. 아이에게 화가 나는 순간 화를 더 키우지 말고 질문을 하세요. 아들은 표현하는 데 서툴러요. 생각과 감정, 의도를 꽁꽁 숨겨 두고 있을 때가 많지요. 아들은 자신의 본심을 부모가 궁금해 할 때 비로소 꺼내어 들려줍니다.

관계를 발전시키고 상대방을 좀 더 이해하기 위해 해야 할 건 서로를 향한 질문입니다. 모든 상황에서 전부를 이해하기란 쉽지 않아요. 다른 사람이 이해되지 않는 순간은 오기 마련입니다. 그때마다 내 예상이 틀릴 수도 있고, 내가 모를 수도 있음을 떠올려 보세요. 오해를 이해로 바꿀 수 있을 것입니다.

4

불평을 늘어놓는 아들에게
"그만해."라는 원천봉쇄의 말 대신

[초2, 동생과 부딪혀 아이스크림이 옷에 묻자 온갖 불평을 늘어놓는 상황]

아들 : (동생을 향해 큰 소리로) 아 진짜! 뭐냐고. 잘 보고 다니라고!

엄마 : 기분 상해도 동생한테 그런 말 하는 거 아니야. 동생이 일부러
그런 게 아니잖아. 너도 좀 더 조심했어야지. 앞으로는 녹기 전
에 얼른 먹어.

아들 : 아니이… 쟤가 뒤에서 오는 걸 내가 어떻게 보냐고. 이거 봐. 다
묻었잖아. 이걸 어떻게 먹어.

엄마 : 물티슈로 닦아. 옷은 집에 가서 빨아 줄게. 앞으로는 녹기 전

에 얼른 먹어.

아들이 불평과 불만을 끝없이 늘어놓을 때가 있지요. 상황과 사정을 설명해 줘도 불평을 멈추지 않으면 엄마는 난감합니다. 이럴 때는 설명하는 대신 이렇게 물어보세요.

"엄마가 어떻게 해줬으면 좋겠어?"
"네가 원하는 게 정확히 뭐야?"

빨리 손을 씻고 싶은 건지, 아이스크림이 옷에 묻은 게 싫은 건지, 아이스크림을 못 먹게 되어 속상한 건지, 동생의 사과를 바라는 건지 아이의 욕구를 알아보는 것이지요. 자신이 무엇 때문에 불편한지, 왜 불만인 건지 자기 자신에게 묻도록 질문을 던지는 것입니다.

무엇을 원하는지 자각하도록 질문을 던지세요

"동생이 일부러 친 것 같아서 기분 나빠요."
"나는 아껴서 먹은 건데, 못 먹게 되어 속상해요."

네가 원하는 게 뭐냐는 질문에 답을 떠올리는 순간, 아이는 감정이 가라앉고 이성적인 사고를 하기 시작합니다. 편도체가 잠잠해지고 전두엽이 활성화되는 것이지요. 원하는 걸 자각하면 아이는 더 이상 불만과 불평에 머물지 않습니다.

그리고 아이의 욕구가 무엇이냐에 따라 부모의 대처가 달라집니다. 동생과의 관계에서 감정 처리가 어려운 것이라면 동생과 화해하도록 도와주고, 못 먹게 된 아이스크림 때문이라면 아이스크림을 다시 사 줄 수 있습니다.

"기분 많이 상했구나."라는 공감이나 "계속 불평하는 거 아니야. 그런가 보다 해."라는 지시 대신, "네가 정말 원하는 게 뭐야? 아이스크림 때문이라면 엄마가 다시 사 줄 수 있어. 정확히 뭐 때문에 불만인 건지 네 자신에게 물어보고 엄마에게 알려 줘."라는 질문과 안내를 해주어야 합니다.

부모의 역할은 아이의 짜증과 신경질, 불평, 불만을 받아 주거나 멈추게 하는 데 있지 않습니다. 아이의 어떤 욕구가 좌절되어 불만으로 이어졌는지 깨닫도록 도와주는 게 부모의 역할이에요. 무엇 때문에 불만인지, 무엇을 원하는지 엄마가 질문을 던지기만 해도 아들은 부정적인 감정에서 빠져나올 방향을 찾을 수 있습니다.

5

**감정 표현이 서툰 아들에게
"이게 짜증 낼 일이야?"라는 호통 대신**

[초4, 수학을 좋아하지만 문제를 틀리면 짜증 내는 게 반복되는 상황]

아들 : 아 진짜! 짜증 나. 또 틀렸어.

엄마 : 너는 이제 애기가 아니잖아. 4학년쯤 되면 네 감정도 조절할
　　　수 있어야 해. 엄마가 다 받아 줄 수 없어.

우리는 감정을 느낄 수 있는 능력을 타고났지만 그걸 조절하는 방
법은 모른 채 태어났습니다. 아직 어린 아이에게는 부정적 감정에
휩싸일 때 진정할 수 있도록 옆에서 도와줄 사람이 필요해요. 주변

의 도움을 받으면서 아이는 차츰 스스로 감정 다스리는 법을 터득하게 됩니다.

그래서 위 사례처럼 아들이 불편한 감정을 쏟아 낸 순간은 곧 부모의 도움이 필요하다는 신호이기도 합니다. 이때야말로 부모가 마음을 단단히 먹고 아들에게 감정 다루는 법을 가르쳐야 해요. 아이가 살아가는 데 꼭 필요하고 중요한 일입니다.

아들의 부정적 감정을 다루는 4가지 방법

아이에게 감정을 다스리는 법을 가르치기란 쉽지 않습니다. 엄마가 먼저 감정을 다스리며 평정심을 유지해야 하는 데다 엄마 역시 어디서 배워 본 적 없는 감정 조절법을 아이에게 가르치려니 난감하죠. 그럴 때는 이렇게 해보세요.

① 감정을 있는 그대로 인정해 주세요

감정은 옳고 그름이 없어요. 뜻대로 안 되니 속상하고 불편한 마음은 인정하고 수용해 주어야 합니다.

"잘하고 싶은데 안 풀리니 속상할 수 있지."

② 여과 없는 감정 표현 방식은 훈육으로 바로잡으세요

감정을 느끼는 건 괜찮지만 그걸 다른 사람에게 여과 없이 터뜨리는 건 무례한 일입니다. 이것을 구분하고 가르쳐야 해요. 감정을 통제하는 게 아닌 감정의 표현 방식을 바로잡는 것이지요.

"그런데 네가 화가 난다고 해도 엄마에게 터뜨리면 안 돼. 화가 나고 속상하다고 말하는 거야. 네 감정만큼 엄마의 감정도 소중히 여겨 줘. 그게 엄마를 향한 존중이야."

부모가 아이의 감정을 존중하는 것만큼이나 중요한 건 다른 사람의 감정을 존중하도록 아이에게 가르치는 것입니다. 존중받을 줄만 아는 아이가 아니라 존중할 줄 아는 아이로 키우기 위해서는 타인을 존중하는 자세와 행동에 대해 가르쳐야 해요.

③ 정중하게 요청하는 법을 가르쳐 주세요

아이는 감정에 미숙합니다. 감정 조절은 누가 대신 해줄 수 없지만 도움을 받을 수는 있어요. 도움은 거저 주어지는 것이 아니라 아이가 정중히 요청할 때 받을 수 있는 호의입니다. 정중하게 요청하는 법을 알려 줘야 해요.

"짜증이 나고 화가 나서 어떻게 해야 할지 모르겠을 때는 엄마한테 도와 달라고 해. '어떻게 해야 할지 모르겠어요. 도와주세요'라고 정중히 요청하면 엄마가 네 마음 다스리는 걸 도와줄 거야."

④ 감정 조절 방법을 알려 주세요

아들에게 지금 기분이 어떠냐, 어떤 마음이냐고 물으면 모르겠다는 답이 돌아오곤 합니다. 어떻게 표현해야 할지 모르겠으니 말문이 막힌 채 얼어 버리는 거죠. 이론편에서도 말씀드렸지만 언어는 주로 좌뇌가, 감정은 주로 우뇌가 담당하는데 아들은 딸에 비해 좌뇌와 우뇌를 연결하는 통로가 좁습니다. 감정의 언어화가 어려우니 감정 표현이 막히는 겁니다.

감정 표현에 서툰 아들에게 이렇게 질문해 보세요.

"슬픔을 0에서 10까지 숫자로 표현한다면 어느 정도야?"
"네 화의 온도는 몇 도쯤이야? 어느 정도로 온도가 떨어지면 네 마음이 좀 편해질 거 같아?"
"화가 난 마음을 색깔로 표현한다면 무슨 색이야? 무슨 색으로 바뀌면 좋겠어?"

아이가 잘 알지 못하는 감정을 숫자, 색깔, 온도 등 구체적으로 가늠할 수 있는 대상에 빗대어 표현하는 것으로 아이는 감정에 대한 감각을 키울 수 있습니다. 은유를 통해 감정과 언어를 통합해 나가는 거죠. 이렇게 아이의 눈높이에 맞는 감정 질문을 하면 아이도 자신을 돌아보고 감정을 이해하려고 노력합니다.

아이가 감정 조절을 하지 못할 때 부모는 큰소리가 아닌 정중한 목소리로 안 되는 것과 되는 것을 구분하여 지시와 대화를 이어 나가야 합니다. 설령 아이가 발악하거나 버럭 화를 내거나 소리를 지르더라도 휘둘리지 않고 톤을 낮춘 목소리로 위엄을 유지하면 아이도 차츰 자기 감정을 조절할 수 있게 돼요. 그리고 곧 아이가 "엄마 죄송해요. 제가 스트레스를 받아서 그랬어요."라고 말할 날이 옵니다.

잘하고 싶은데
안 풀리니 속상할 수 있지.

그럴 땐 화가 나고
속상하다고 말을 하는 거야.
네 감정만큼 엄마의 감정도
소중히 여겨 줘.

화가 나서
어떻게 해야 할지 모를 땐
엄마한테 도와 달라고 해.

PART3

게임 상황 말 연습

1

게임 시간을 어기는 아들에게
"왜 약속을 안 지켜?"라는 감시의 말 대신

[초3, 게임을 두 시간 넘게 하는 상황]

"엄마가 제일 싫어하는 게 네가 게임하는 거야. 제발 그만해."

"왜 이렇게 게임을 오래 해? 너 게임 중독이야. 지금 몇 시간째인지 알기나 해?"

"숙제 했어, 안 했어? 네 할 일도 안 하고 게임하고 있는 거야?"

"게임하다 늦게 자니까 아침에 못 일어나잖아."

[초3, 게임 규칙을 안 지키는 상황]

"한 시간만 하기로 했잖아. 왜 약속을 안 지켜?"

[중2, 게임을 못 하게 하면 몰래 하고 스마트폰을 손에서 안 놓는 상황]

"10시야. 스마트폰 엄마한테 반납해."

"스크린 타임은 어떻게 풀었어? 말해 봐."

게임을 사이에 두고 옥신각신, 아들 키우는 엄마라면 이런 경험이 대부분 있을 거예요. 할 일을 하지 않고 게임만 하고 있으니 속이 터지고, 약속한 게임 시간을 어기니 목소리가 높아집니다. 엄마는 스크린 타임을 걸고 아들은 몰래 풀고, 엄마는 허락 없이 스크린 타임을 푼 아들을 다시 야단치게 되지요.

감시자가 아닌 '조절 조력자'가 되세요

감시하고, 확인하고, 지시하고, 지적하는 악순환이 반복된다면 다음 두 가지를 실천해 보세요.

첫째, 게임 규칙을 정하고 규칙으로 통제합니다.

둘째, 게임 조절에 대해 자주 대화합니다.

① 게임 규칙 정하기

아들이 좋아하는 게임을 대부분의 엄마들은 싫어합니다. 기호의 차이가 극명하게 갈리고 욕구의 상충이 일어나지요. 게임을 두고 감정싸움이 자주 일어나는 이유입니다. 그런데 아들의 행동이 엄마인 내 마음에 안 든다는 이유로 게임을 못 하게만 할 수는 없습니다. 기호의 차이는 지시가 아닌 대화의 영역입니다.

게임은 엄마와 아들이 충분한 대화와 합의를 통해 규칙을 정하는 게 무엇보다 필요해요. 게임 규칙을 세우고 규칙으로 통제하는 것이지요. 엄마가 싫어해서, 엄마의 감정으로 인한 통제에는 반발하지만 합의된 규칙에 대한 통제는 아들도 수긍합니다.

[게임 시간을 안 지키는 상황]

"게임을 하지 말라는 게 아니라 시간 규칙을 정하자는 거야. 게임을 시작하면 스스로 멈추기가 쉽지 않으니까."

"게임하는 시간을 정해 놓고 하는 것에 대해 어떻게 생각해? 시간 규칙이 필요하니, 필요 없겠니?"

[게임을 몰래 숨어서 하는 상황]

"요즘 시간을 어떻게 보내고 있니?"

"하루를 어떻게 보낼 때 만족스럽고 뿌듯해?"

"네가 게임 규칙을 안 지킨다고 해서 큰일 나는 건 아니야. 하지만 게

임 조절 능력이 네가 살아가는 데 꼭 필요하기 때문에 너한테 가르쳐
주고 싶어."

② 게임 조절에 관한 대화하기

게임(미디어) 사용 규칙을 정하는 이유는 게임이나 미디어에 과하
게 시간을 뺏기지 않도록 조절 능력을 키워 주기 위함입니다. 스스
로 시간 관리를 잘하는, 게임이나 스마트폰 하는 시간을 조절할 줄
아는 어른으로 자라기를 바라기 때문에 규칙을 만드는 것이지요.

게임을 몇 시간 동안 하는지 체크하고, 못 하게 통제하는 데에 급
급하면 감시가 목적이 됩니다. 그러면 통제에 급급한 나머지 가장 중
요한 조절하는 법을 가르치는 건 놓칠 수 있어요. 규칙의 목표는 게
임 조절 능력 함양입니다. 규칙을 지켰냐 안 지켰냐의 확인이 아닌
어떻게 조절을 도와줄지에 대한 대화가 필요합니다.

"정해 둔 게임 시간을 넘겨서까지 계속하면 어떤 마음이야?"
"게임 시간 지켜서 딱 껐을 때도 있었잖아. 그때는 기분이 어땠어?"

게임 조절 능력은 '게임하는' 능력이 아닌 '게임을 끄는' 능력입니
다. 켜는 게 아닌 끄는 것, 시작이 아닌 멈출 줄 아는 게 바로 조절력
이죠. 게임에 빠져 할 일을 안 하거나 숙제를 못 한 경험, 늦은 시간
까지 게임하다 늦게 일어난 경험 모두 아이가 게임 조절의 필요성을

자각할 수 있는 기회입니다. 비난과 통제 대신 대화를 시도하고 질문을 던지면 아이는 무엇이 문제인지, 어떻게 해야 할지 배우고 생각합니다.

통제와 지시만으로는 깨달을 수 없어요. 그럴수록 아이는 어떻게 하면 부모의 감시와 통제를 벗어날지, 어떻게 해야 게임을 조금이라도 더 할 수 있을지 궁리하게 됩니다. 아이가 게임 조절을 할 수 있으려면 게임 절제가 쉽지 않다는 것과 게임 시간 규칙을 정하고 지켜야 한다는 걸 깨닫게 부모가 도와줘야 해요.

부모는 아이의 감시자가 아닌 '조절 조력자'가 되어야 합니다. 아이와 부모가 한편이 되어 한마음으로 대화한다면 게임 조절이라는 목적지는 점점 가까워질 것입니다.

2

몰래 게임하는 아들에게
"실망이다."라는 비난 대신

[중1, 숙제하러 방에 들어간 아들이 게임하고 있는 걸 엄마가 본 상황]

"화면 바꾼다고 내가 모를 줄 알아? 몰래 게임이나 하고. 도대체 왜
그래?"

"정말 실망이다."

"숙제 하나를 진득하게 못 해서 어떻게 해? 언제까지 엄마가 너를 감
시하고 시켜야 하니?"

아이가 몰래 게임을 한 건 사실이지만 얼마나 게임을 했는지 시

간은 알 수 없습니다. 직접 보고 확인할 수 없는 상황에 대해 의심할 때가 있죠. 불확실한 영역에 대해서 부정적으로 짐작하는 것입니다.

이러한 비난과 추궁은 아들에게 도움이 되지 않습니다. 무엇보다 부정적인 게 아들의 정체성이 될 수 있어요. "엄마 몰래 게임이나 하고 집중도 못 하고, 어떻게 하려고 이래?" 이런 말을 반복해서 들으면 '나는 몰래 게임이나 하고 집중도 못 하는 애'라는 정체성이 형성될 수 있는 거죠. 이런 상태에서는 공부도 숙제도 잘하기 어려워요.

아들에게 긍정적인 정체성을 심어 주는 말

나쁜 걸 확대하고 들추어내서 얻을 수 있는 건 없습니다. 게임을 몰래 하다 걸린 것만으로 아들은 창피하고 자존심이 상합니다. 본인도 자신의 잘못을 알고 있어요. 또 실제로 게임을 얼마나 했는지 알 수 없습니다. 오래 했을 수도 있지만 잠깐 했을 수도 있어요. 이렇게 알 수 없는 일에 대해서는 두 개의 갈림길이 있어요. 한쪽은 캐내어 사실을 추궁하는 것이고 다른 한쪽은 긍정적인 방향으로 아이를 믿어 주는 것입니다. 한쪽은 '몰래 게임이나 하는 애'로 바라본다면 다른 한쪽은 '몰래 게임을 한 적이 있다'로 경험을 한정 짓습니다.

불확실한 부분에 대해서는 믿어 주는 게 나아요. 불확실한 영역은 긍정적으로 믿는 것이 아들의 자존심을 지켜 주는 일이기도 합니다.

추궁으로 얻는 것보다 믿음으로써 얻는 유익이 압도적으로 큽니다.

부모의 믿음은 아이가 긍정적인 자아상을 세우는 기반이 됩니다. 실제로 게임을 오래 했다 하더라도 자신을 믿어 주는 부모를 통해 아이는 행동을 고치려는 마음을 먹기가 쉬워요. 부모가 자신을 믿음의 시선으로 바라봐 줄 때 자연스럽게 그간의 행동을 돌아보고 부끄러움을 느끼며 하지 말아야겠다는 생각을 합니다. 지적하고 추궁하지 않아도 스스로 깨닫는 것이지요. '몰래 게임이나 하는 형편 없는 사람'이 아니라 '몰래 게임을 한 적이 있는 사람'이라고 자신을 객관적이고 긍정적으로 바라보게 돕는 건 부모가 건네는 믿음과 지지의 힘입니다.

"네가 매번 이런 것도 아니고 평소에 잘하니까, 다시 집중해 봐."
"지루했니? 오늘따라 집중이 안 됐어? 이제 숙제할 거지?"
"너는 네 할 일을 잘하는 아이니까, 이제 열심히 해봐."

아들의 자존심을 지켜 주고 긍정적인 정체성을 심어 주는 말입니다. 정체성은 혼자 만들 수 없어요. 내가 나를 어떤 사람으로 보는지는 다른 사람이 나를 어떻게 바라보는지, 니는 사람들과의 관계 속에서 어떤 사람이고 싶은지에 영향을 받습니다. 결국 정체성은 여러 사람과의 다채로운 상호작용 가운데 만들어지는 셈이지요.

부모는 아이에게 영향을 주는 중요한 타인입니다. 아이가 긍정적인 정체성을 만들어 가기 위해서는 부모의 도움이 필요해요. 아이를 긍정적으로 바라보고 믿고 지지해 줄 때 아이는 자신이 괜찮은 사람이라는 긍정적인 감각과 생각을 만들어 갈 수 있습니다.

부모에게 좋은 모습을 보여 주고 싶고 좋은 사람이 되고 싶은 게 아이의 마음입니다. 안 좋은 면을 굳이 들추고 확대할 이유는 없어요. 물어뜯지 말아야 합니다. 아이는 부모의 '의심'이 아닌 '믿음'을 먹고 자란다는 걸 기억하세요.

PART4

갈등 상황 말 연습

1

툭하면 다투는 형제에게
"사과해."라는 강요의 말 대신

[초5 형이 등을 때렸다고 초1 동생이 엄마에게 울며 말하는 상황]

동생 : 엄마, 형이 여기 때렸어요.

엄마 : (형에게) 너 일루 와. 동생을 왜 때려? 때리지 말라고 했지? 빨
리 사과해.

형　 : 아 진짜! 엄마는 왜 저한테만 뭐라고 하세요?

다툼 중재는 부모에게 정말 어려운 과제입니다. 어쩌다 한번 싸운
다면 모를까, 툭하면 싸우고 울고 누구 한 명이 이르러 오는 소리는

달갑지 않지요. 누가 먼저 시비를 걸었는지 시비 순서부터 시작해서 잘못의 경중, 때린 사람과 맞은 사람, 어디를 얼마나 때렸는지까지 하나하나 들어 보고 시비를 가려 주어야 하니까요. 그래도 매번 억울하다고 하고 누구 편만 든다고 하니, 다툼 중재에 부모는 멘탈이 탈탈 털립니다.

다툼 중재의 핵심은 두 가지, 질문과 규칙입니다. 아이들의 의사를 물어보고 사실을 확인하는 게 첫 번째입니다. 그런 다음 다툼에 대한 규칙을 세워 규칙대로 지도하는 것이 두 번째 할 일이에요.

다툼 중재 첫 번째, 질문하기

아이들이 다툰 상황에서 꼭 물어봐야 할 것은 크게 두 가지입니다. 상황적 사실을 확인하는 질문 그리고 사과와 화해의 의사를 물어보는 질문입니다.

① 사실 확인 질문

사례에서 동생은 울고 형은 억울해 합니다. 정황상 형이 동생의 등을 때린 것으로 추측할 수 있습니다. 하지만 부모가 직접 본 것이 아니며 형의 입장은 다를 수 있어요. 아이들이 설명하는 자기 입장은 매우 주관적입니다. 집에 CCTV가 달려 있는 것도 아니니 객관적이고 정확한 사실을 알기란 쉽지 않지요. 명확한 사실 확인을 거치지 않은 채 정황적 증거로만 판단하는 건 오해의 소지가 있고 아이의 억울함이 가중될 수 있죠. 따라서 정황을 사실로 단정하지 말고 먼저 질문해야 합니다.

> 엄마 : (형에게) 동생 등에 손자국이 나 있어. 네가 때린 거라고 하는데 맞니? **(질문)**
>
> 형 : 맞는데요, 쟤가 허락도 없이 제 폰으로 게임했어요. 지 맘대로예요. 저도 참다가 한 대 때린 거예요.
>
> 엄마 : (동생에게) 네가 허락 없이 형 폰 쓴 게 맞니? **(질문)**
>
> 동생 : 형 화상 영어 공부하는 동안에만 잠깐 쓴 거예요.
>
> 엄마 : (동생에게) 잠깐이건 오래건 허락 없이 형 물건을 쓴 건 잘못이야. 네 것이 아니면 허락을 구해야 해.
> (형에게) 네가 화날 만해. 그런데 아무리 화가 나도 동생을 때리면 안 돼. 이럴 땐 허락 없이 폰을 써서 화가 났다고 말로 하는 거야.

위와 같이 사실을 확인하는 질문을 하고 상황을 파악합니다.

"~라고 하는데, 사실이니?"
"~라는 얘기를 들었는데, 맞니?"

대화 난이도 최상이라 할 만큼 쉽지 않은 다툼 중재도 질문을 통해 사실을 확인하면 보다 수월하게 풀 수 있을 것입니다.

② 화해 의사 질문

"네가 잘못했네. 미안하다고 해." **(사과 지시)**

"미안하다고 하잖아. 뭐 하고 있어? 사과 안 받아 주고?" **(화해 지시)**

"서로 악수해. 안아 줘. 이제 각자 방으로 가. 가서 자기 할 일 해."

(악수 지시)

사과를 지시한 다음, 화해를 지시합니다. 물론 잘못에 대해 미안하다고 말하고 사과를 하면 받아 주는 게 미덕이긴 합니다. 하지만 진정한 사과와 화해는 마음에서 우러나야 하지, 지시로 되지 않아요. 다툼 상황을 빨리 마무리할 수는 있겠지만 형식적인 화해로는 마음의 앙금을 해소할 수 없기 때문에 장기적으로 아이들 관계에 도움이 되지 않습니다. 사과할 마음, 사과를 받아 줄 마음, 화해할 마음이 있는지부터 묻는 게 먼저입니다.

"형에게 미안한 마음 있니? 사과할 마음 있어?" **(사과 의사 질문)**

"동생이 사과하면 받아 줄 수 있어?" **(화해 의사 질문)**

"화해할 마음 있어?" **(화해 의사 질문)**

만약 화해할 마음이 없다면, 사과할 마음이 없다고 답한다면 그럴 만한 이유가 있을 것입니다. 또 사과를 받아 줄 마음이 없는 것에도 아이 나름의 이유와 사정이 있을 겁니다. 그것 역시 질문해야 해요.

"괜히 그러지 않을 거야. 그럴 만한 이유가 있겠지. 왜 사과하고 싶지 않은 거야?"
"화해하고 싶지 않은 데는 어떤 사정이 있을 거야. 엄마한테 얘기해 줄래?"
"화해할 마음이 없는 거 보면 마음이 단단히 상했나 보네. 각자 시간을 갖고 저녁에 다시 얘기해 보자."

하나하나 질문하고 아이의 답을 듣는 건 지시보다 번거롭습니다. 하지만 아이의 삶에 꼭 필요한 건 형식적 화해가 아닌 진정성 있는 화해 경험입니다. 화해를 지시하지 않아도 아이들의 의사를 묻고 기다려 주면 아이들은 스스로 사과하고 서로 화해해요.

다툼 중재 두 번째, 규칙 세우기

걸핏하면 싸우는 형제 때문에 고민이라면 무엇보다 다툼에 대한 가정의 규칙부터 세워야 합니다. 다툼에 대한 규칙이 없으면 매번 양쪽의 말을 들어 주면서 옳고 그름을 가려 줘야 하거든요. 잘못의 경중을 가리는 건 쉽지 않아요. 결국엔 "똑같으니까 싸워. 너희 둘다 똑같아. 둘 다 사과해."라고 말하게 되는 것도 그 때문이죠. 부모 입장에서 중재를 했지만 아이들로서는 만족하기 힘들어요. 그래서 규칙이 더욱 필요합니다.

'싸워도 된다. 하지만 때리거나 욕을 해서는 안 된다. 만약 때리거나 욕을 하면 생각 의자에서 10분간 생각하는 시간을 갖는다.'

이 규칙은 표준이 아니며 가정의 상황에 따라 다툼에 대한 규칙은 다양할 겁니다. 다툼에 관해 합의된 가정의 규칙이 있을 때 중재는 쉬워집니다. 규칙대로 하면 되거든요.

"저는 살살 때렸는데 형은 세게 때렸어요. 저는 어깨 살짝 때렸는데 형은 발로 찼어요."
"너는 살살 때렸는데 형은 세게 때렸다면 억울할 수 있지. 하지만 우리가 정한 규칙은 때리지 않는 거야. 둘 다 생각 의자에 10분간 앉아."

규칙이 있으면 중재의 핵심이 누가 먼저 시비를 걸었냐가 아니라 누가 규칙을 어겼냐가 됩니다. 훨씬 명료해지죠. 누가 세게 때렸냐가 아니라 누가 규칙을 어겼냐가 판단의 기준이기 때문에 중재하기도 쉽습니다.

아이들이 서로 싸우지 않고 사이좋게 지내면 좋겠지만 그렇게 되기까지는 시간이 걸립니다. 싸우지 말라는 말 대신 규칙을 정하고 조율을 해주다 보면 밖에서 친구들과의 다툼도 잘 조율하는 아이로 자랄 거예요.

2

친구와 싸운 아들에게
"화해했어?"라는 염려의 말 대신

아들이 친구와 다투고 엄청 마음이 상해 집에 돌아왔습니다. 들어보니 방과 후에 공놀이를 했는데, 집에 오기 전 공을 누가 제자리에 갖다 놓을 것이냐를 두고 실랑이가 벌어졌다고 해요.

"나는 집에 가서 할 일이 쌓여 있어. 영어도 두 장 풀어야 하고, 수학 학습지도 밀렸고. 이거 안 하면 엄마한테 혼나! 그러니까 네가 갖다 놔."

"나는 너보다 공부 더 많이 해. 집에 가서 연산 문제집도 끝까지 풀어야 하고 숙제도 맨날 세 장씩 있어. 내가 할 일이 더 많아. 그러니까 네가 갖다 놔!"

공을 누가 제자리에 가져다 두느냐는 문제가 누가 집에서 공부를 더 많이 하느냐로 이어졌고, 서로 자기가 더 많이 한다는 걸 주장하느라 싸운 것이지요. 제가 보기엔 아들 녀석이나 아들의 친구나 둘 다 공부는 비교적 적게 하는 편이고 많이 놉니다. 친한 친구와 싸우고 온 게 마음이 쓰인 저는 다음 날 아들이 학교에 다녀오자마자 물었습니다.

"친구랑 화해는 했어?"
"아니."
"화해 안 했어?"
"응."
"그럼 싸운 채로 서먹하게 지내?"
"아니, 같이 놀았는데?"
"아…, 화해 안 하고도 잘 지내는구나!"
"그런 거 안 해도 우린 다 잘 지내."

딸을 키울 때는 친구 문제로 마음을 졸였던 적이 많았어요. 유치원 때는 친구의 갑작스러운 절교 선언으로 아이가 크게 상심해 제가 난감했던 적이 있었고, 초등 저학년 때는 단짝과 친한 무리가 없어서 아이가 소외감을 느끼기도 했습니다. 사소한 문제로 시작된 갈등이 좋게 마무리되어 잘 지낸 적이 있는가 하면, 그렇지 못한 채 어색하게 1년을 보낸 적도 있어요. 여자아이들 사이의 미묘한 갈등과 고도의 심리전은 살벌하기까지 합니다. 그래서일까요? 딸아이가 친구와 다퉜다는 말을 할 때면 심장이 철렁 내려앉곤 했답니다. 그저 해마다 딸아이와 마음이 잘 맞는 친구가 같은 반이 되기를 기도하고, 곁에서 힘을 주고 응원해 줄 뿐이었지요.

그런데 아들은 다르더라고요. 투닥거리다가도 금세 화해합니다. 남자아이들은 서로 사과를 주고받지 않아도 저절로 풀고 잘 놀더라고요. 상대가 미안해 하면 1초만에 괜찮다며 하하호호 웃고요. 다퉈도 다음 날이면 언제 그랬냐는 듯 잘 놀았습니다. 짝수면 짝수인 대로, 홀수면 홀수인 대로 편 가르지 않고 잘 어울려요. 친구 문제로 마음 졸인 일이 아들을 키우면서는 크게 없었어요.

학교에서 교사로 근무하던 시절, 여학생들의 다툼 중재에 퇴근 시간을 훌쩍 넘긴 적이 있었습니다. 6학년 무리 짓는 여학생 사이의 갈등이었는데 1년 전, 2년 전 이슈까지 연결되더라고요. 관계가 어찌나 복잡한지 제가 종이에 인물 관계도를 그려 가면서 이해해야 했어요.

여학생들은 1년 전의 다툼과 상처를 생생하게 기억하는 반면, 남학생들은 어제 싸운 일임에도 모르겠다고 잘 기억이 안 난다고 했습니다. 또 혼내고 나면 여학생들은 기분을 풀어 줘야 수업에 집중하는데, 남학생들은 야단을 맞고도 돌아서면 잊고 수업을 따라오는 일이 많더라고요(물론 아이들의 특성에 따라 다른 부분도 있습니다).

생활면에서 아들은 엄마가 잔소리하고 챙겨야 할 게 많지만 관계면에서는 속 편해요. 엄마로서 아들을 키울 때나 학교에서 학생들을 가르칠 때나 친구 문제와 관계에서는 여자아이들에 비해 남자아이들이 훨씬 수월했습니다.

아들들은 친구 관계에서 무척 쿨합니다. 싸우고도 금세 잘 노는 남자아이들의 세계, 멋지지 않나요? 이런 게 아들의 좋은 점이자 아들 키우는 매력인 것 같아요.

공 네가 갖다 놔!

아니야, 네가 갖다 놔!

옥신

각신

미안해.

앞으로 잘 지내자.

다음 날

서먹...

공 네가 갖다 놔!

아니야, 네가 갖다 놔!

다음 날

와하하

3

아들이 친구 문제를 토로할 때 친구 엄마에게 바로 전화하는 대신

아들들은 서로 싸우고도 다음 날 잘 노는데요. 부모는 또 다릅니다. 웬만하면 아이들끼리 해결하도록 한 걸음 뒤에서 지켜봐 주는 엄마가 있는가 하면, 두 팔 걷어붙이고 해결해 주려고 개입하는 엄마도 있어요.

[초1, 아들의 친구 엄마로부터 불쑥 전화를 받은 상황]
"태풍이 엄마, 저 구름이 엄마예요. 잘 지내시죠? 제가 고민하다 연락드려요. 태풍이가 우리 애한테 아는 척도 안 하고 인사도 안 받아

준대요. 아침마다 애가 학교 가기 싫다고 하고 힘들어 해요. 태풍이 한테 그러지 말라고 해주세요."

아이 친구 엄마로부터 이러한 전화를 받는 일은 유치원부터 초등 저학년까지 드물지 않습니다. 아이들이 친구를 좋아하는 데 반해 갈등을 풀어 나가는 사회적 능력은 미숙한 시기라 그렇습니다. 내 아이의 어려움을 덜어 주고 도와주고 싶은 게 부모 마음이지만 이러한 방식은 곤란해요. 교양 있게, 예의를 갖추었다 하더라도 이러한 전화를 받으면 누구라도 불쾌합니다.

왜 그럴까요? 자기 아이가 한 말을 기정 사실로 여겼기 때문입니다. 양쪽 입장을 들어 보고 확인하지 않고 자기 아이 말만 믿고 상대편 아이를 가해자로 여겼기 때문이죠. 예의를 갖췄다 하더라도 무례함을 느낄 수밖에 없어요.

친구와의 갈등 해법, 판단 대신 질문하세요

아이가 친구 관계의 어려움을 말할 때 이렇게 내처해야 할까요?

첫째, 아이의 말을 경청하되 사실이라는 판단을 유보합니다. 아이들은 부모가 자기 편이기를 바라는 마음에 과장되게 말할 수 있고 자신만의 입장을 사실처럼 전할 수 있거든요. 평소 거짓말을 하지 않는 아이라 하더라도 친구 관계의 문제를 자기 입장에서 이야기하기 때문에 오류가 있을 수 있어요. 잘 들어 주고 수용하는 태도를 보이되, 아이가 하는 말이 다 맞는 건 아닐 수 있다는 전제 아래 들어주어야 합니다.

둘째, 상대방의 입장도 들어 봐야 합니다. 내 기준에서 판단하지 않고 물어보는 것이지요.

"아이들은 자기 입장에서 얘기를 하니, 우리 애 말만 듣고 상황을 다 알 수 없어서 답답하고 궁금한 마음에 연락드려요. 구름이는 뭐라고 하는지 넌지시 물어봐 주실 수 있나요?"

반대로 친구 엄마로부터 전화를 받은 경우에도 대처는 같습니다.

첫째, 상대편의 말을 경청하고 공감하되 사실이라는 판단은 유보합니다.

둘째, 내 아이의 입장을 들어 봐야 합니다.

"우리 애가 그럴 리가 없어요."라고 부정하며 내 아이 편을 들거나 덮어놓고 사과부터 하고 내 아이를 잡는 것, 둘 다 바람직하지 않습니다. 성급하게 받아들이지 말고 내 아이에게 자초지종을 들어 보는 것이 먼저입니다. 상황을 파악할 시간을 정중히 요청한다면 상대편도 수긍할 겁니다.

"많이 속상하셨겠어요. 저도 아이와 얘기 나눠 보고 다시 연락드려도 될까요?"

양쪽 입장을 들어 보고 맞는 것은 사과하고, 서로 입장이 다른 경우는 다시 이야기하는 식으로 조율해 나가는 게 좋습니다.

부모의 개입은 문제 상황과 정도에 따라 달라야 합니다

친구 문제의 상황과 정도에 따라 부모의 대처는 달라져야 합니다. 지속적인 괴롭힘이나 일방적으로 맞고 온 경우처럼 학폭에 준하는 심각한 상황이라면 부모의 도움과 개입이 분명 필요합니다. 아이 스스로 해결할 수 없고 견디고 이겨 내기에는 가혹한 상황이니까요. 이런 경우는 적극적으로 부모가 나서야 합니다.

하지만 아이들끼리 지내며 생길 수 있는 단순 갈등이라면 '개입'보다는 '조력'이 필요합니다. 부모가 직접 나서기보다는 가급적이면 아이들끼리 해결할 수 있게 도와주는 걸 권해요. 친구 관계 문제는 언제든 겪을 수 있거든요. 부모가 개입하는 건 한계가 있어요. 결국 아이 스스로 갈등을 대처하고 풀어 갈 수 있는 힘을 길러야 합니다.

초등학교 교사로 근무하던 때에도 부모의 섣부른 개입으로 안 좋은 상황이 벌어지는 경우를 여러 번 보았고, 애들 싸움이 어른 싸움으로 번지는 걸 목격하기도 했습니다.

강의를 나가면 종종 듣는 어려움 중 하나도 바로 아이의 친구 관계에서 상대편 부모의 개입에 대한 부분입니다. 자기 아이 말만 듣고 다짜고짜 전화해서 다그치는 엄마에게 죄송하다고 몇 번이나 사과했는데 확인해 보니 사실이 아니었다는 사례부터, 친분이 쌓인 친구 엄마가 아이들끼리의 사소한 갈등에도 번번이 전화하여 사과를 요구하는 게 불편해서 거리를 뒀더니 도리어 자신을 지나치게 예민하고 이상한 사람으로 소문내고 다니더라는 사례 등. 공통점은 상대 부모가 자신의 무례함을 전혀 모르고 있다는 점입니다.

사실관계를 명확히 하지 않은 상태에서 내 아이 말만 듣는 건 옳지 않아요. 상대편의 입장을 물어보는 것 그리고 입장을 들어 보기 전까지 사실이라고 결론 내리지 않는 것. 예의와 존중은 여기서 시작됩니다.

PART5

일상생활 말 연습

1

책 안 읽는 아들에게
"책 좀 읽어."라는 지시 대신

[초5, 축구에 빠져서 공부에는 전혀 관심이 없는 상황]

엄마 : 축구가 아무리 좋아도 공부는 해야 하고, 책도 읽어야 해. 너
　　　는 축구만 하고 책은 쳐다도 안 보잖아. 뭐든 읽고 이해하려면
　　　책을 읽어야 하는 거야. 앞으로 축구 끝나고 오면 30분씩이라
　　　도 책 읽어.

아들 : 엄마는 왜 엄마 마음대로만 하라고 해요?

축구만 좋아하고 책에는 관심이 없는 아들에게 책 읽기를 규칙으

로 지시한 경우입니다. 하지만 엄마의 일방적인 지시에 아들은 왜 엄마 마음대로 하냐며 반발하지요.

독서 습관은 책 읽으라는 지시만으로는 만들 수 없습니다. 기호를 확장해 가면서도 얼마든지 읽는 습관을 만들 수 있어요. 축구를 좋아하는 아이에게 축구와 관련된 책이나 축구 선수가 주인공인 위인전을 사 주면 어떨까요?

"네 꿈이 축구 선수잖아. 서점 갔는데 호날두에 대한 책이 있길래 사 왔어."

"우와! 호날두는 내 우상인데, 엄마 어떻게 알고! 고맙습니다. 잘 읽어 볼게요."

아들은 기뻐하고 고마워할 겁니다. 엄마가 자신의 세계를 이해해 주었기 때문이죠.

똑같이 책을 안 읽는 아이라 하더라도 엄마가 어떻게 하느냐에 따라 아들의 반응은 달라져요. 읽으라고 강요하면 반발하지만 관심사에 맞는 책을 찾아 주면 책에 호감을 느끼지요. 아이가 갖지 못한 독서 습관에 주목하기보다 아이가 이미 가진 흥미에 책을 연결해 보세요. 무조건 읽으라는 지시보다 아이가 재미를 느끼는 것을 책과 연결해 주는 게 효과적인 독서 지도 방법이 될 수 있어요.

책보다 '아이의 세계'에 먼저 주목하세요

아이가 책을 읽지 않는다면 책보다 '아이의 세계'에 먼저 주목해야 합니다. '축구를 좋아하는데 책은 안 읽어서 걱정', '게임만 하고 책 한 쪽 안 읽어서 걱정' 등은 모두 결핍에서 비롯된 생각입니다. 부족한 것에 주목하면 아이를 다그치게 됩니다. 결핍을 메꾸도록 끊임없이 아이를 채근하죠. 하지만 내 아이가 어떤 사람이고 무엇을 좋아하는지, 아이의 세계에 주목할 때 부모의 대처는 달라집니다. 아이의 관심을 확장시키면서 책에도 흥미를 끌 수 있는 방식을 안내할 수 있죠.

아이의 세계에 주목하고 관심을 기울일 때 아이의 흥미와 연결되는 책을 만나게 해줄 수 있어요. 전문가가 추천해서 산 책은 아이가 안 좋아할 수 있지만 엄마가 아이를 관찰하고 이해하면서 떠올린 책은 좋아할 거예요. 전문가는 책에 대해서는 알지만 내 아이에 대해서는 모르니까요. 최고의 북큐레이션은 아이의 세계를 아는 사람, 엄마가 할 수 있는 셈이지요.

아이의 관심사는 다 제각각일 것입니다. 그에 따른 책 큐레이션도 집집마다 달라요. 전문가의 의견은 참고로 하되 내 아이의 고유한 세계를 중심으로 책을 찾고, 책장을 구성해 보세요. 아이가 책과 친해질 날이 가까워질 거예요.

★싫어요★

축구가 아무리 좋아도
책은 읽어야 해.
앞으로 축구 끝나고 오면
30분씩이라도 책 읽어.

엄마는 왜 엄마 마음대로만
하라고 해요?

★좋아요★

네 꿈이 축구 선수잖아.
서점 갔는데 호날두에 대한
책이 있길래 사 왔어.

우와! 호날두는 내 우상인데!
고맙습니다. 잘 읽어 볼게요.

2

학습만화만 골라 읽는 아들에게
"제대로 된 책을 읽어야지."라는 타박 대신

초등학교 교사를 하던 시절, 한 달에 한두 번은 꼭 학생들을 데리고 도서관에 갔습니다. 학생들이 갈수록 책과 멀어지고 게임이나 스마트폰과 가까워지는 현실이 안타까워 아이들이 책과 친해지기를 바라는 마음이었죠. 줄글 책을 좀 봤으면 했는데 내내 학습만화만 보는 학생들이 여럿 있었어요.

[초5, 도서관에서도 학습만화만 골라 읽는 상황]

교사 : 엄마가 어렸을 때 책 많이 읽어 주셨다던데… 그래?

학생 : 네, 맞아요. 진짜 많이 읽어 주셨어요. 항상 읽어 주셨던 거 같아요. 유치원 때까지.

교사 : 근데 지금은 책 많이 안 읽네?

학생 : 네. 그때는 엄마가 읽어 주셨던 거죠. 제가 읽은 게 아니라.

교사 : 그렇구나…. 엄마가 책을 읽어 주는 게 독서 습관으로 이어지는 건 아닌가 보다.

학생 : 그렇죠. 습관은 자기가 해야 생기는 거 같아요.

교사 : 그럼, 엄마가 어렸을 때 책을 많이 읽어 주셨잖아. 그런 게 별로 의미가 없을까?

학생 : 아니요. 그건 아니에요. 좋았어요.

교사 : 뭐가 좋았어?

학생 : 엄마가 책 읽어 주는 게요.

교사 : 왜?

학생 : (조금 황당한 듯한 표정으로) 그냥… 그냥 좋았죠. 엄마가 읽어 주니까요.

엄마가 책 읽어 주는 게 그냥 좋았다는 아이, 거기에 이유를 물은 제가 어리석었습니다.

엄마가 책을 많이 읽어 주면 아이가 책을 좋아하게 될까요? 제가 관찰한 바로는 부모가 책을 읽어 준다고 모든 아이가 책에 관심을 갖는 건 아니었어요. 책을 좋아하는 아이로 자라는 경우도 있지만 엄마 품 독서 경험이 아이의 독서 습관으로 꼭 이어지지는 않을 수 있어요.

하지만 아이에게 책을 읽어 주는 시간은 꼭 필요해요. 아이가 어릴수록 더욱 그렇습니다. 독서 습관이라는 효용 측면에서가 아니라 아이와의 좋은 관계를 위해서요. 아이를 칭찬해 주고 긍정적으로 대하려고 애를 쓰지 않아도, 책을 읽어 주는 것만으로 긍정적인 경험을 확장시킬 수 있습니다. 책 속 이야기를 엄마의 목소리로 읽어 주면 아이는 긍정적인 자극을 받고 엄마와 교감하며 관계를 형성해 나갈 수 있어요. 하루 10분, 책을 읽어 주는 것만으로 아이와 친밀감, 유대감을 쌓을 수 있는 셈이지요.

아들에게 책을 읽어 주어야 하는 이유

아이를 품에 안고 책을 읽어 주는 시간은 엄마와 아이 모두에게 편안함과 안정감을 주는 귀한 시간입니다. 엄마 품에서의 교감은 오래도록 아이에게 따뜻한 기억으로 남아요. 책을 읽어 주는 엄마의 체온은 시간이 흘러도 아이에게 남아 있습니다. 다정함, 따뜻함 등 엄마와 책에 대한 긍정적인 감정이 아이의 신경망에 새겨지는 것이지요.

이런 독서 경험은 아이가 당장 책을 좋아하지는 않아도 장기적으로 긍정적인 영향을 줍니다. 언젠가는 스스로 책을 찾을 수도 있어요. 엄마가 읽어 주는 흥미로운 이야기를 들으며 느꼈던 안정감과 편안함, 따뜻한 감각과 느낌을 떠올리면서 말이지요.

아이와의 좋은 관계는 꼭 말만으로 만들어지는 건 아닌 것 같아요. 아이를 품에 안고 책 읽어 주는 엄마의 목소리, 그 시간들이 조금씩 쌓여 친밀한 관계와 연결 고리가 만들어지지요. 아이를 품에 안고 책을 읽는 시간은 이렇게 귀한 일입니다. 책을 매개로 전해진 엄마의 따뜻한 온기는 아들의 마음속에 저장되어 엄마와의 사소한 갈등 상황, 사춘기의 대립 상황에서도 엄마와 멀어지지 않고 관계가 극단으로 치닫지 않게 막아 주는 자양분이 될 것입니다.

3

숙제 미루는 아들에게
"화를 내야 말을 듣지!"라고 소리치는 대신

[초1, 숙제를 미루다 엄마 잔소리에 숙제하러 가는 상황]

"당연히 해야 할 걸 하는 건데 왜 이렇게 불만이 많아?"

"좋게 하는 법이 없어!"

"화를 내야 말을 듣지!"

숙제는 당연히 해야 하는 일인데 미루고 미루다 엄마가 소리를 지르면 그제야 합니다. 학교 다녀와서 곧장 하면 좋을 걸 엄마와의 옥신각신 끝에 해야 할 시간을 한참 넘겨서 하죠. 소리를 안 지르고 싶고 여러 말 안 하고 싶은데 말을 안 들으니 엄마도 어쩔 도리가 없습니다. 불만 가득한 표정으로 마지못해서 숙제를 하는 아들을 보면 엄마도 속에서 천불이 납니다.

숙제하는 태도가 안 좋을 때, 지시

우선은 아이가 숙제를 하느냐, 안 하느냐를 봐야 합니다. 지시 불이행과 지시를 이행하는 태도가 안 좋은 건 다른 문제예요. 만약 하기는 하는데 기분 좋게 하지 않고 미루다 마지못해서 한다면 이건 태도가 안 좋은 겁니다.

기왕이면 기분 좋게, 당연히 해야 할 일을 스스로 하면 좋겠지만 습관을 형성하기까지는 절대적인 시간이 필요합니다. 습관으로 자리 잡는 과정에서 반발과 저항은 있기 마련입니다. 순탄하게 따라오지 않고 버티는 거죠. 그런데 버티고 버티다 나중엔 그냥 하고 마는 게 낫다는 걸 깨달아요.

그렇게 한번 습관이 만들어지면 버티지 않고 애쓰지 않고 그냥 합니다. 미루다 마지못해서 하는 저항은 습관이 만들어지기까지 나올 수 있는 반응인 셈이죠. 꼭 해야 하지만 하기 싫어하는 데서 나오는 자연스러운 반응이에요. 습관화되면 없어집니다.

숙제를 하긴 하지만 하는 태도가 안 좋다면 부정적인 감정 반응

대신 정중하게 지시해 보세요. 반복적으로 지시 이행의 경험을 쌓으면 하기 싫다고 하거나 미루는 태도도 조금씩 나아질 거예요.

"당연히 해야 할 걸 하는 건데 왜 이렇게 불만이 많아?"
→ "해."
"좋게 하는 법이 없어!"
→ "규칙을 지켜."
"화를 내야 말을 듣지."
→ "규칙대로 해."

숙제하는 태도가 시간이 지나도 안 나아질 때, 대화

숙제에 대한 불평이나 불만, 미루는 게 시간이 지나면서 차츰 줄어든다면 괜찮습니다. 그런데 시간이 지나도 아들의 태도가 나아지지 않을 때, 엄마는 가장 힘듭니다. 숙제를 미루는 아들에게 "규칙대로 해."라고 말하다가 화도 냈다가 달래기도 하다가 결국 "다 때려치워!"로 끝나곤 하지요. 그런 날에는 엄마도 지치고 낙심합니다.

숙제를 미루는 행동의 지속성에 따라 대처하는 방식이 달라야 해요. 미루고 하기 싫어하는 태도는 누구나 겪는 것이니 처음에는 단호히 지시합니다. 하지만 숙제를 시작하기까지의 태도가 시간이 지나도 좋아지지 않는다면, 옥신각신하는 시간이 줄지 않는다면 그때는 대화가 필요합니다.

"숙제는 꼭 해야 하는 거고 엄마는 너에게 좋은 습관을 만들어 주고 싶어. 그런데 얘길 해도 듣지 않으니까 같은 말을 반복하다 결국 큰소리를 하는 상황이 참 안타까워. 엄마도 너와 싸우고 싶지 않아."

"엄마가 숙제하라는 얘기를 너에게 몇 번 말해 주면 좋겠어?"

"네가 한두 번만 얘기해달라고 했는데, 그럼 언제 그 말을 해주면 좋을까?"

"네 말대로 한두 번 얘기를 했는데 만약 네가 숙제를 그날 못 했다면 그럴 때는 어떻게 하면 좋겠어?"

4

옷을 잃어버린 아들에게
"이번이 몇 번째야?"라는 추궁 대신

[초2, 등교할 때 입고 간 외투를 학교에 벗어 놓고 집에 온 상황]

엄마 : 아들, 겉옷 어딨어? 아침에 입고 간 거.

아들 : 잠… 바…? 아, 맞다!

엄마 : 내일 찾아와. 교실에 없으면 영어실, 과학실 가 보고. 체육관
이랑 급식실, 학교 분실물 센터도 가 봐!

(다음 날)

아들 : 엄마, 가 봤는데 없어요. 체육관, 영어실, 과학실, 급식실, 학
교 분실물센터도 다 가 봤는데 없어요.

엄마 : 너 이게 몇 번째야? 정신이 있어, 없어?

    겨울에는 추우니 그래도 외투를 입고 돌아오지만 봄, 가을에는 입고 간 겉옷을 학교에 벗어 놓고 돌아오는 일이 특히 잦습니다. 교실은 따뜻하니 벗고 지내다가 아예 두고 하교하는 것이지요. 교실에서는 벗어 두더라도 집에 올 때는 꼭 챙겨 입으라고 이야기해도, 아들은 알았다고 하면서도 번번이 외투를 놓고 오곤 합니다. 한번은 사흘 연속으로 외투를 놓고 와서 학교에 입고 갈 겉옷이 없었던 날도 있었지요.

    그런데 아들을 키워 보니 엄마가 비난한다고 덜 잃어버리지는 않았습니다. 옷을 찾아오는 것도 아니었고요. 화를 내도 잃어버리는 걸 막을 수는 없었습니다.

학교에 자꾸 물건을 두고 오는 아들을 위한 솔루션

① 저렴한 물건을 사 주세요

아들이 물건을 잃어버릴 때, 제가 매번 똑같이 속상하거나 화가 난 것은 아니었습니다. 곰곰이 생각해 보니 차이가 있었어요. 오래 입어서 낡은 옷이나 작아진 옷은 크게 속상하지 않았습니다. 그런데 할머니가 서울에서 사 보내신 새 옷을 입고 가서 놓고 왔을 때나 큰 마음 먹고 사 준 비싼 패딩 조끼를 잃어버리고 온 날은 말도 못 하게 속상했습니다. 그러니까 엄마인 제 마음이 옷의 값어치와 새 옷인지 아닌지 여부에 영향을 받은 셈이지요.

아이가 물건을 잃어버렸을 때 화가 나고 당황스러운 마음이 '물건의 값에 비례한다'는 걸 알아차리고부터 저는 아이 겉옷은 비싼 걸 사 주지 않아요. 주변에서 주면 고맙게 얻어 입힙니다.

엄마 욕심에 고가 옷을 사 주면 아끼느라 못 입고, 더러워지고 세탁해도 안 지워지면 아이에게도 부모에게도 스트레스더라고요. 제 아들은 옷을 유독 험하게 입거든요. 뭐 묻히고 오는 일, 넘어져서 해지는 일이 허다해요. 물려 입히거나 저렴한 걸 사 주니 제 마음에 평안이 찾아왔습니다.

덤벙대고 깜빡하는 아들 녀석은 바꾸기 어렵지만 환경과 상황을 바꾸는 건 그보다 쉽습니다. 저렴한 물건을 사 주는 것도 하나의 대안이 될 수 있어요. 상황과 환경을 바꾸는 것으로 덜 화나고 더 편안하게 지낼 수 있습니다.

② 아이가 물건을 챙길 수 있게 반복해서 지시하세요

막 입어노, 잃어버리고 와도 많이 속상하지 않을 옷을 사는 식으로 환경을 바꿀 수 있는 건 어디까지나 아이가 내 품에 있을 때까지입니다. 엄마 품에 있을 때야 엄마가 챙겨 주지만 크면 스스로 모든 일을 해야 합니다. 온전히 아이의 몫이지요.

엄마는 아이의 덤벙거리는 걸 이해해 줄 수 있지만 모두가 그런 건 아닙니다. 또 잃어버릴 때마다 매번 새로 살 수는 없어요. 아이도 스스로 챙기는 습관을 들이고 책임감 있는 태도를 갖춰야 합니다. 그리고 싼 물건이니 잃어버려도 된다고 말하면 안 돼요. 물건 값과 상관없이 네 물건이니 소중히 여기고 잘 챙겨야 한다는 것을 가르치고 명료하게 지시해야 합니다. 예를 들면 일교차가 심한 간절기에는 이렇게 말할 수 있어요.

"교실에서 겉옷 벗으면 의자에 걸지 말고 책가방에 넣어 둬. 그럼 안 잃어버려." (지시)

비가 오는 날에는 이렇게 말할 수 있습니다.

"하교할 때 비 안 와도 우산 잘 챙겨 와!" (지시)

아이가 잘 챙겨 오면 칭찬도 꼭 해주세요. 놓고 오는 게 습관이 될까 봐, 물건을 소중히 여기지 않을까 봐, 추운데 감기 걸릴까 봐 노파심에 아들을 크게 야단친 적도 있고 긴 잔소리를 늘어놓은 날이 저에게도 있었습니다. 지금 생각해 보면 뭘 그렇게까지 했을까 싶어요. 다그쳐서 잘 배운다면 백 번이라도 더 몰아세워야 하겠지요. 하지만 경험상 감정적으로 다그치기보다 좋게 이야기해 주는 게 아들과의 관계에도, 장기적인 습관 형성에도 나았습니다. 특히 제 아들처럼 기질적으로 부주의한 아이의 경우 그런 것 같아요.

초등학교 교사로 재직하던 시절, 아이들을 하교시키고 빈 교실을 둘러보면 의자에 겉옷이 하나씩 걸려 있곤 했습니다. 대개 남학생의 것이었죠. 밖이 몹시 추우니 가다 다시 교실로 돌아오려니 했는데 오지 않더라고요. 물건의 소중함을 몰라서가 아니라 이 시기 아들들이 그런 것 같습니다. 계속 설명하고 가르쳐 주는 걸 반복하되, 값비싼 물건보다는 합리적인 가격대의 물건을 사 주는 것이 최선인 것 같아요.

지금도 제 아들은 물건 잃어버리는 일이 잦습니다만 그래도 전보다 빈도가 조금씩 줄어들고 있습니다. 여전히 서툴지만 그래도 조금씩 챙기려고 노력하는 걸 보면 기뻐요. 아들을 고치려고 하지 않아도, 혼내고 다그치지 않아도 덜 속상하고 마음 편히 지내는 건 충분히 가능합니다.

싫어요

엄마, 체육관,
영어실, 과학실, 급식실,
학교 분실물센터
다 가 봤는데 없어요.

또야?!

너 이게 몇 번째야?
정신이 있어, 없어?

교실에서 겉옷 벗으면
의자에 걸지 말고 책가방에 넣어 둬.
그럼 안 잃어버려.

좋아요

1. 마당에 있던 아이가 큰 소리로 주방에 있는 엄마를 부릅니다. 이때 엄마가 아이에게 해줘야 할 적절한 반응은 무엇일까요?

   아이: 엄마, 이리 와 봐! 나 줄넘기하는 거 봐!
   엄마: _____

   ① "엄마 지금 못 가! 엄마 밥하잖아. 바쁜데 오라고 하면 어떻게 해?"
   ② "팔을 너무 크게 휘두르네. 그렇게 하면 금방 힘 빠져. 손목만 살살 돌려 봐."
   ③ "우와! 줄넘기 잘한다! 전보다 엄청 늘었어. 연습 많이 했네!"

   답 ③번
   엄마를 부르는 아이의 속마음에는 칭찬받고 싶은 마음이 자리 잡고 있을 겁니다. 아이의 말에 바로 반응해 주지 않거나 줄넘기하는 모습을 보고서 대뜸 개선할 점부터 말해 주면 아이는 실망하고 풀이 죽을 수도 있어요. 바쁘더라도 잠시 아이를 봐 주고 아이의 노력을 칭찬해 준다면 아이와 함께 일상의 행복한 순간을 나눌 수 있을 거예요.

2. 다음 중 칭찬에 대한 설명으로 옳은 것을 고르세요.

① 칭찬은 아이가 잘했을 때, 성과를 냈을 때만 하는 게 바람직하다.
② "잘했어!", "최고야!"라는 칭찬보다 "곱셈 계산이 복잡하고 어려운 문제가 많았는데 침착하게 풀어서 다 맞았네. 잘했어!"라는 칭찬이 아이에게 와닿는다.
③ "다른 애들은 이만큼 못 해. 잘했어!" 다른 사람과 비교하며 아들의 잘한 부분을 칭찬한다.

답 ②번
무언가 잘했을 때, 성과를 냈을 때만 칭찬할 수 있는 건 아닙니다. 전보다 나아진 성장 과정도 칭찬해 주세요. ③번처럼 다른 사람과 비교하며 네가 낫다는 식의 칭찬은 아이에게 우월감을 심어 줄 수 있습니다. 과거와 현재 아이의 변화를 견주어서 얼마나 나아졌는지 성장한 점을 발견해 칭찬하는 것이 가장 좋습니다.

3. [6세] 도미노를 세우던 중 팔꿈치로 건드려 도미노가 다 쓰러졌어요. "엄마 때문이야. 엄마 미워!" 하며 엄마 탓을 하는 아이에게 어떻게 반응하는 게 좋을까요?

① "걸핏하면 엄마 때문이래. 너는 남 탓하는 게 습관이야. 네 잘못은 없어? 왜 인정을 안 해?"
② "그런 말 하는 거 아니야!"
③ "이리 와, 아들. 엄마가 안아 줄게. 앞으로는 이럴 때 속상하다고 하면 돼. 애써 세운 도미노가 쓰러져서 속상하다고 말하면 엄마가 너를 안아 주고 위로해 줄 거야."

답 ③번
아이들은 아직 마음이 자라는 중이라 자신의 실수를 마주할 용기가 부족합니다. 그래서 남 탓으로 돌리며 당장의 불편함을 회피하려고 하는 일이 드물지 않아요. 아이도 엄마 탓이 아니라는 걸 알 거예요. 따뜻하게 안아 주고 다독여 주는 것으로 아이는 자신의 속상함을 마주하고 다룰 힘을 얻을 수 있을 거예요.

아들을 키우는 일은
부모인 나를 키우는 과정입니다

지금은 가정통신문을 앱으로 발송하지만 예전에는 종이에 출력해서 아이들에게 나눠 주었습니다. 적으면 한두 장, 많으면 10장이 넘는 날도 있었지요.

교사로 재직하던 시절, 저는 학생들이 여러 장의 가정통신문을 한꺼번에 가져갈 수 있도록 학기 초에 투명한 L자 파일을 나눠 주었습니다. 이 투명 파일을 분실하는 일이 꽤 잦았기에 학기 초에 넉넉히 사 두고 없어졌다고 하는 학생들에게 하나씩 주었어요. 그런데 투명 파일을 다시 가지고 가는 학생들은 대개 남학생이었습니다. 통신문을 잃어버렸다고 다시 달라고 하는 것도, 투명 파일을 잃어버렸다고 하는 것도 남학생이 대부분이고 여학생은 드물게 왔습니다.

통신문이야 이름이 적혀 있는 것도 아니고 종이다 보니 구겨지고 없어질 수 있습니다. 하지만 투명 파일은 잘 구겨지지 않는 재질이고 각각 이름을 적어 주었는데 왜 없어지는지 저는 의아했습니다.

그때의 궁금증은 아들을 키우면서 싹 풀렸습니다. 투명 파일 안에 알림장을 담아야 하는데 아들 녀석은 알림장만 가방에 넣어 왔습니다. '알림장을 받으면, 투명 파일에 담아, 가방에 넣는다'는 절차가 복잡하니 생략해 버린 것이죠.

아들의 가방 속에서 투명 파일은 물통, 필통, 공책 등에 마구 눌립니다. 몇 달에 걸친 풍화작용을 거치고 나면 투명 파일은 본래의 빳빳한 형태를 잃고 말죠. 화석, 아니 쓰레기가 되고 맙니다. 잃어버린 게 아니라 못 쓰게 되는 것이죠. 투명 파일의 행방은 이러했습니다.

알림장은 어떨까요? 당연히 구겨집니다. 구겨지는 것은 문제가 되지 않습니다. 펼치면 되니까요. 진짜 문제는 가방에서 꺼내어 보여 주지를 않는다는 점입니다. 사인을 받아야 할 게 있으면 사인을 해달라고 하고, 동의받아야 할 게 있으면 동의서에 동그라미를 쳐달라고 해야 하는데 아들은 그 말을 안 합니다. 1학년 때는 제가 대신 가방을 열어 확인하곤 했는데, 그렇게 하니 스스로 알림장이나 통신문을 꺼내는 습관이 들지 않아 멈췄습니다. 이제는 아들에게 직접 물어봅니다.

"아들, 오늘 알림장 사인받을 거 없어?"

"응, 없어."

"정말? 알림장 봤어?"

"아니. 아, 맞다! 사인받아 오라고 했어요."

그동안 급식 식단표부터 총회 참석 알림장, 학부모 공개수업 알림장, 상담 신청서 등 숱하게 많은 알림장들을 아들은 제가 먼저 물어보지 않으면 먼저 보여 주지를 않았습니다. 그러면서도 소풍 참가 신청서만은 스스로 꺼내어 "이거, 간다고 사인해 주세요."라고 하니 참 알다가도 모를 일이지요.

한 달에 한 번은 아들 가방을 열어 봅니다. 연필과 지우개는 필통에서 튀쳐나와 가방 안을 굴러다닙니다. 필통은 입을 벌리고 있고 필통 역할을 가방이 하고 있어요. 그나마 닫지 않은 필통이라도 챙겨 온 날은 다행입니다. 필통이 아예 없는 날도 있으니 말이지요. 멀쩡했던 공책은 쥐 파먹은 듯 모서리 부분이 없고, 교과서는 귀퉁이가 다 닳아 있으며, 투명 파일은 관절이 접혀 있습니다. 일부러 반 접기도 힘들 텐데…. 거기에 정체를 알 수 없는 종이 딱지, 철 지난 안내장, 구겨진 양말까지.

아들의 가방 안을 보면 학교 사물함이나 책상 서랍은 어떨지 상상이 되어 한숨이 나오지만 묻지 않습니다. 연필과 지우개는 하도 잃어버리니 저렴하게 박스로 사 놓고 수시로 채워 주고 '가방＝쓰레기통'이 되지 않도록 한 번씩 정리해 주고 있지요.

부주의한 아들을 키우다 보면 챙겨야 할 것도, 신경 써야 할 것도 많아 번거롭습니다. 물건 잘 챙기라고 안내장 사인받을 거 있냐고 그때그때 물어봐야 하는 것처럼요.

아들은 더디지만 조금씩 나아지고 있습니다

아들을 키워 보니 아이의 부주의함을 엄마가 통제할 수는 없었습니다. 바꾸려고 해도 좀처럼 고쳐지지 않아요. 실랑이가 이어질 뿐 달라지는 건 거의 없더라고요. 그래서 아들의 부족함을 고치는 데 주의를 쏟는 대신, 아들이 가진 장점에 주목하고 아들과 함께 웃고 기뻐하는 일상에 감사하는 마음을 키워 나갔습니다. 생각해 보니 물건 잃어버리는 것이 남에게 피해를 주거나 하는 중대한 문제를 일으키는 건 아니더라고요. 그렇게 여기고 나니 제 마음이 편해졌어요. 아들을 바꿀 수는 없지만 엄마인 제 마음은 얼마든지 바꿀 수 있습니다.

책가방에 구겨진 알림장은 학년이 올라갈수록 조금씩 펼쳐지기 시작했습니다. 꼭 제출해야 할 가정통신문은 선생님께 내라고 신신 당부했음에도 다음 날 그대로 들고 오곤 했는데 학년이 올라가니 꼭 내야 하는 가정통신문은 먼저 주기도 합니다. 더디지만 조금씩, 아들은 성장하고 있습니다.

어디 아들만일까요? 엄마인 저도 아들과 함께 성장하고 있습니다. 저는 참을성이 없는 편인데 느리고 실수하고 부주의한 아들을 기다리며 인내를 배우고 있습니다. 그리고 무뚝뚝한 대문자 T인 제가 아들의 마음을 헤아려 주고 궁금해 하려고 노력하면서 공감적인 F 성향이 많이 계발됐어요. 지금은 때로는 이성적으로, 때로는 공감하며 두 성향을 상황에 맞게 적절히 쓰는 것 같아요. 아들 키우는 매일이 배움과 성장의 연속이에요. 아들 덕분에 제가 좀 더 나은 사람이 되어 가고 있습니다.

우리는 다른 사람을 바꿀 수는 없습니다. 하지만 내 마음과 태도를 바꾸는 것은 언제나 가능합니다. 아이를 바꿀 수는 없지만 아이를 바라보는 내 시선을 바꿀 수 있고, 아이에게 건네는 말을 다르게 할 수 있어요.

부모의 노력과 애씀은 아이만이 아닌 부모 자신도 자라게 합니다. 자녀를 키우는 건 결국 부모인 나를 키우는 과정이기도 해요. 지시할 때는 감정을 덜고 규칙으로, 대화할 때는 감정을 주고받으며 다정하게 말한다면 아들과 부모가 함께 성장해 나갈 것입니다.

부록

한눈에 보는 지시와 대화

장황한 지시	짧은 지시
"왜 쓰레기를 책상에 두는 거야? 누가 치우라고! 엄마가 청소부니? 내가 이 집 가사도우미야?"	"치워."

모호한 지시	명확한 지시
"엄마 피곤해." (감정형 지시)	"20분만 자고 일어나서 놀자. 알람 맞춰 놓을게."
"엄마는 너랑 눈 마주치고 밥 먹고 싶어. 앉아서 먹으면 좋겠어." (욕구형 지시)	"앉아서 먹어."

감정이 개입된 지시	감정을 뺀 지시
"엄마 힘들어. 제발 말 좀 들어." (사정)	"숙제해."
"먹기 싫으면 먹지 마. 이제 네 밥 안 해. 키 안 커도 난 몰라!" (협박)	"많으면 남겨도 돼. 그런데 간식은 없어."
"내 말 무시해? 엄마 말이 말 같지 않아?" (부정적 판단)	"엄마 눈 봐. 잘 듣고 알아들었으면 끄덕여."
"꼭 화를 내야 말을 듣지!" (샤우팅)	"안 돼." "그만." "거기까지."

사람이 개입된 지시	규칙 지시
"이렇게 쓰면 선생님도 못 알아봐." (선생님 개입)	"규칙을 지켜서 써."
"엄마도 밥하기 싫어. 그래도 하잖아. 싫어도 해야 하는 게 있는 거야." (엄마 개입)	"숙제하는 건 규칙이야. 규칙을 싫어하는 마음은 받아 줄 수 없어."
"하루 한 장이 뭐가 많아? 다른 애들에 비하면 적게 하는 거야." (다른 아이들 개입)	"하루 한 장이 규칙이야. 규칙을 지켜."
"아프리카 친구들은 얼마나 힘들게 공부하는지 알아? 넌 행복한 거야." (아프리카 친구들 개입)	"규칙대로 해."

일방적 통제	상호적 대화
"순한 맛으로 시킨다. 매우니까 건더기만 먹고 국물은 남겨."	"매운 건 자극적이라 속 아플 거 같은데, 네 생각은 어때?"
"무슨 현질이야? 게임에 돈까지 써서 되겠어?"	"왜 그게 사고 싶은 거야? 이유가 궁금해."
"10시야. 스마트폰 엄마한테 반납해." "스크린 타임은 어떻게 풀었어? 말해 봐."	"게임을 하지 말라는 게 아니라 시간 규칙을 정하라는 거야. 게임은 멈추기가 쉽지 않으니까."
"너 일루 와. 동생을 왜 때려? 빨리 사과해."	"동생 등에 손자국이 나 있어. 네가 때린 거라고 하는데 맞니?"

부정적 단정	긍정적 공감
"실망이다. 화면 바꾼다고 내가 모를 줄 알아? 도대체 왜 그래?"	"지루했니? 오늘따라 집중이 안 됐어?"
"걸핏하면 거짓말이야. 빤한 거짓말을 왜 해? 엄마는 거짓말하는 사람 제일 싫어해. 사람이 양심이 있어야지!"	"거짓말을 자주 하면 너에게 안 좋아. 들통날까 봐 조마조마하고 거짓말이 탄로 나면 창피하잖아. 너를 위해서 거짓말을 줄여 봐."
"건방 떨지 말고 차분히 집중해. 너 잘하는 거 아니야."	"네가 이해력이 좋아서 쉽게 느껴진 거야." "근데 정확히 풀려면 연습을 해야 해. 매일 조금씩 꾸준히 하다 보면 다 맞힐 수 있어."

닫힌 질문	열린 질문
"학생의 본분이 뭐라고 생각해? 너는 학생의 본분을 다하고 있니?"	"뭘 할 때 제일 즐거워?" "어떻게 시간을 보낼 때 만족스러워?"
"너 왜 그래? 엄마 방해하려고 작정했니? 엄마가 강의 망쳤으면 좋겠어?"	"엄마 강의하는 중에 네가 갑자기 들어와서 무척 당황했어. 뭔가 사정이 있었니?"

아들 엄마의 말 연습